U0747688

谷鹏磊
相文娣
——著

再拖延人就废了

拖延症患者的
54 条
自救指南

1%

中国纺织出版社有限公司

内 容 提 要

你是否也经常被拖延困扰？本来时间充裕的工作，非要拖到最后一刻慌慌张张地完成；本来雄心壮志地想要改变自己，结果过了很久仍维持原样。拖延是我们生活中常见的问题，给我们的生活和工作都带来了严重的负面影响，令我们每日焦虑不安、情绪低落，要想改善自己的情绪，就要先从改善拖延症开始！

本书是一本为拖延症患者准备的自救手册，如果你也有拖延问题，如果你也被拖延症所困，那么跟着书中提到的54条自救指南行动起来，你就有机会改变拖延的现状，摆脱焦虑的控制，开启更美好的生活。

图书在版编目（CIP）数据

再拖延人就废了：拖延症患者的54条自救指南 / 谷鹏磊，相文娣著. -- 北京：中国纺织出版社有限公司，2022.10

ISBN 978-7-5180-9758-6

Ⅰ. ①再…　Ⅱ. ①谷…　②相…　Ⅲ. ①成功心理—通俗读物　Ⅳ. ①B848.4-49

中国版本图书馆CIP数据核字（2022）第141501号

责任编辑：郝珊珊　责任校对：高　涵　责任印制：储志伟

中国纺织出版社有限公司出版发行
地址：北京朝阳区百子湾东里A407号楼　邮政编码：100124
销售电话：010—67004422　传真：010—87155801
http://www.c-textilep.com
E-mail：faxing@c-textilep.com
中国纺织出版社天猫旗舰店
官方微博 http://weibo.com/2119887771
天津千鹤文化传播有限公司印刷　各地新华书店经销
2022年10月第1版第1次印刷
开本：889×1230　1/32　印张：7.25
字数：146千字　定价：55.00元

凡购本书，如有缺页、倒页、脱页，由本社图书营销中心调换感谢你选择这本书。

你愿意翻开这本书，可能是因为在当前的人生阶段，你发现自己在某些重要的问题上存在拖延、抗拒和退缩的倾向，且在一定程度上感受到了拖延正在阻碍你迈向内心渴求的生活，影响着你的情绪状态和生活质量。甚至，你选择阅读这本书，本身也是一种拖延行为，为的是避免去做那些你内心正在抗拒的事情。

我在咨询室里遇到过不少被拖延困扰的来访者，他们大多体验过下面这些情形：

· 总是无法按时完成工作任务，压力倍增，担心会丢了工作

· 看不到重要的人生目标有所进展，焦虑难安，时常怀疑自我

· 明知道暴饮暴食、吸烟酗酒有损健康，却迟迟没有做出改变，对自己深感失望

· 每天乱七八糟的杂事堆积成山，没时间做真正想做的事，感觉疲累厌烦

· 为了应对眼前的事耗费了大量的心力，对未来丧失信心，提不起精神

· ······

坦诚地讲，上述的个别情形我也亲身经历过，并深知拖延的痛苦：那是一种无力感，一种无价值感，一种被掩藏着却难以抹去的焦虑与绝望。但我还是想说，无论是那些真诚的来访者，还是正在翻阅本书的你，抑或是撰写本书的我，我们都是勇敢且值得尊重的。

为什么这样说呢？拖延的产生与大脑前额叶皮层的功能有关。从这个层面来说，我们可以将其理解为一种强悍至极的本能。与本能扯上了联系，想改变自然没那么容易。可即便如此，我们还是踏上了一条"少有人走的路"，因为我们珍视无法重来的每一天，不想虚度年华，渴望去完成人生中那些重要的目标，也愿意为此做出尝试，获得崭新的、有意义的改变。

对于饱受拖延困扰、深感焦虑的人来说，要完整地读完一本书并不容易。我不希望拿起这本书的你，只读了一两章就感觉疲累，再没有心力继续读下去。为了避免浪费时间和精力，我在撰写本书的内容时倾向于精简，力求让错综复杂的拖延过程以简洁清晰的方式呈现，同时提供易于操作的步骤与方法，因为——简单是行动的有利条件，行动起来就战胜了拖延！

你，准备好迎接改变了吗？

目 录
CONTENTS

自救指南　01

> 不管意识层面的企图是什么，
> 我们的内心都有一些反面的力量，
> 在不断推动、诱惑甚至决定着我们的行为，
> 哪怕我们曾有意识地去抵抗这些力量。
>
> ——罗曼·格尔佩林

之前接到过一篇约稿，是关于哲学与生活的内容，完稿期限是一周。

我一直拖着没动笔，直到截稿的前一天才打开电脑。在此之前，我每天看看剧、刷刷手机，偶尔翻翻书，时间安排得满满当当，就是不去写稿。

是我太热衷于追剧和玩手机，宁愿为了娱乐而荒废时间、不务正业吗？

不，我只是在逃避写稿，因为这是一件痛苦的事。

要完成这篇稿子，我得查阅大量的资料，构思新颖的框架，再辛苦地整理成符合逻辑的语句。即便写完了，也只是一个开始，之后还要接受编辑审阅过后提出的修改意见，删减修订，力求使稿件符合要求。这个过程就像"升级打怪"，要处理的问题一次

比一次复杂，一次比一次困难。一想到这些，我就忍不住想往后退，觉得自己难以招架。

可是，约稿不能推掉，我只能把追剧、刷手机、看书当成避风港，躲在里面暂时不去面对那份痛苦，并安慰自己说："没事儿，还有时间！"事实上，我比任何人都清楚自己应该做什么，可我就是逃避着不去做，在焦虑中抱着手机看无用的消息。

那一段时间，我感觉自己变成了一只把头埋进沙里的"鸵鸟"。

🧑 所有的推迟行为都是拖延吗？

拖延症的英文是"Procrastination"，是由拉丁语"Procrastinus"（向前推到明天）演变而来。从字面上看，就是把之前的事情推迟到明天，但拖延的实际意义远比字面意义要复杂。

晚上 7 点，公司举办年会，你掐着时间，临近开始才抵达会场。

家里出了急事，你暂时抛开一切，把所有事务都推迟了。

飞机 6 点起飞，你没有在起飞前两小时到达机场。

项目 A 可能会被砍掉，负责推广方案的你，依旧有条不紊地准备着方案。

上述的这些情景都与推迟有关，可你会认为这是拖延吗？显然不会。

没有早早抵达会场，不会造成不好的结果，只要按时出席就没问题；面对紧急事件，推迟其他的一切事务，是为了避免付出更大的代价；至于乘坐飞机，没必要非得在飞机起飞前两小时就抵达机场，不耽误乘机就行了，在候机室里苦等也是对时间的浪费。

这里有一个问题值得我们思考：是推迟行为本身造成了拖延吗？

拖延包含着推迟的成分，但不是所有的推迟行为都叫拖延。拖延，特指"非理性的推迟行为"，即明知道拖下去会让结果变得糟糕，却还是主观地选择推迟，且清楚地知道自己正与好的结果渐行渐远。所以，不是推迟行为本身造成了拖延，而是我们的选择造成了拖延。

💡 为什么我们会逃避重要的事？

明知道有些事情很重要，当下就应该着手解决，为什么还要转而去做一些无关痛痒的事呢？英国心理分析学家梅尔泽说过一句话，用在这里作为解释恰如其分：

"就其本质而言，一切防御机制都是我们为了逃避痛苦而向自己撒的谎。"

心理学家们在 19 世纪末 20 世纪初就已经广泛接受并认可一个观点：追求快乐、规避痛苦是人类心理最基本的动机，也是其他一切心理功能的基础。不夸张地说，我们能够在所有的动机背后找到这种心理上的力量，任何能被称为动机的因素都源于此。

在面对情境压力和现实任务时，为了能够获得短暂的、舒适的体验，我们会本能地做一些逃避任务、脱离当下情境的行为，以避开痛苦的体验。从这一层面来说，拖延的本质就是一种保护自己暂时免于内心冲突和焦虑的手段。

世界上不存在完全不拖延的人，也不存在在任何事情上都拖延的人。拖延，只是一种笼统的称呼，表象特征都是将重要的事情往后推迟，但每一个拖延者的内心戏码却不尽相同，甚至每一次的拖延原因也有差别。想要解决拖延的问题，还要从"心"开始。

战拖速读导图

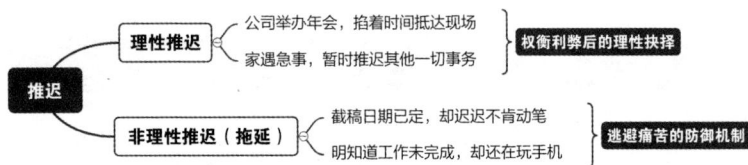

```
                    ┌─ 公司举办年会，掐着时间抵达现场    ┐
          理性推迟 ──┤                                  ├─ 权衡利弊后的理性抉择
          │         └─ 家遇急事，暂时推迟其他一切事务    ┘
推迟 ─────┤
          │                    ┌─ 截稿日期已定，却迟迟不肯动笔  ┐
          非理性推迟（拖延）──┤                              ├─ 逃避痛苦的防御机制
                               └─ 明知道工作未完成，却还在玩手机┘
```

自救指南　02

拖延不是因为你懒，而是因为你"怕"

> 抗拒心理看不见、摸不着、听不见、闻不到，但可以感觉到。
> 抗拒就像是一个蓄势待发的能量场，一种负面的排斥力，
> 目标是转移我们的注意力，阻止我们做成任何事。
>
> ——斯蒂芬·普莱斯菲尔德

女孩 N 是我的一位来访者，刚参加工作两年，做事认真，深得领导的认可。她告诉我，最近这半年来，她频繁地生病，且每次生病的节点都是在即将完成困难的任务之前。

大致的情况是这样：女孩 N 在公司负责撰写电商产品的文案，最初是从小项目上手，领导看她做得不错，慢慢地开始让她接手大客户的项目。从这时候开始，女孩 N 的心理压力也变大了，每次临近交稿时，她总要请两天病假。看她身体不适，领导也于心不忍，只好批准。后来，基本上每负责一个重要的项目，到了截稿日期前，她都会出现这样的情况。

这种状况给女孩 N 的身心造成了困扰，她渴望通过咨询改变现状。在建立了信任关系，深入交谈了四次之后，女孩 N 看到了她内心深处的真实想法：

"我做这个工作挺有压力的，经常担心自己不能按时交稿，也怕文案因为质量问题被退回来。越到截稿的时候，我就越紧张，结果就会上火、生病，这都成了一种习惯性的模式了。其实，我心里还有一个想法：要是我生病了，状态不好，即便晚几天交稿，或是出了点纰漏，也应该更容易被原谅吧？"

不了解拖延的人，经常会把它和懒混为一谈。可是，看到女孩N的拖稿行为，你会认为她是一个懒人吗？如果真是一个懒人，怎么可能时刻记挂着文案的质量，里里外外透着认真与负责的态度呢？

拖延和懒虽然有一定的交集，但两者并不一样，且存在本质的区别。

懒惰，指的是单纯地不想做某件事，好逸恶劳，缺乏行动的欲望，无关心理问题。研究大脑行为的科学家指出：大脑天生会被惰性的行为吸引，节约能量以防不测。毕竟，在远古时代，保存能量对于人类生存是必要的。

拖延，指的是很想去做一件事，但无法投入行动中，在非理性的推迟中感到焦虑不安，与深层的、复杂的心理因素有关。

拖延不是因为懒，而是因为恐惧

拖延并不是一个简单的行为问题，而是一个复杂的心理问题，其最重要的成因是恐惧。

1983年，美国加利福尼亚州的两位临床心理学家简·博克和莱诺拉·尤思博士研究得出：恐惧失败是拖延的原因之一。出于自我保护的本能，人类对于"恐惧"的反应十分迅速，大脑会在面对恐惧的瞬间接收到强烈的信号，并留下深刻的记忆。为了应对恐惧，人类逐渐发展出了一系列的防御机制来保护自己，拖延就是其一。

至于恐惧在拖延症中所起到的作用，2009 年卡尔顿大学的提摩西·A. 派切尔教授带领两位研究生通过研究证明：导致拖延症的恐惧是多方面的，有人是因为缺乏信心而拖延；有人是害怕表现不好丢脸、伤自尊而拖延；还有人则是害怕自己失败了，会让自己最在意的人失望，所以才会拖延。

以女孩 N 为例，她担心自己的稿件质量被质疑，这对她而言是难以接受的。所以，她就选择将问题和责任归咎于外部的因素——"我身体不舒服，体力和精力不够，带病赶出来的文案难免会存在问题，不是我能力不行。"

鉴于家庭环境、成长经历、个人性格等差异，每个人内心深处都有其特定的恐惧，甚至有些恐惧连当事人自己都没有意识到。日本时装设计师山本耀司说过："自己，这个东西是看不见的，撞上一些别的什么，反弹回来，才会了解自己。"那些曾经或此刻发生在我们身上的拖延，那些为拖延而产生的焦虑不安、自我厌恶，恰恰是一面照见真实自我的镜子。

当你能够认识到，拖延的根源是恐惧时，就已经迈出了改变拖延的第一步。要知道，我们的大脑具有可塑性，是一个处于不断变化中的动力系统，我们可以强化原来的"恐惧—拖延"的模式，也可以重建新的行为模式。

⌖ 战拖速读导图

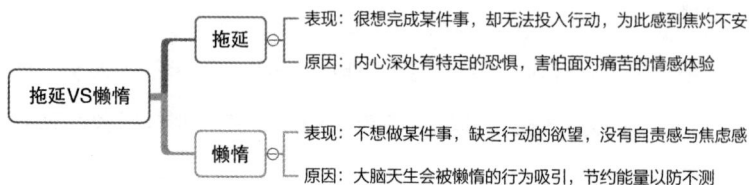

```
                          ┌─ 表现：很想完成某件事，却无法投入行动，为此感到焦灼不安
                ┌─ 拖延 ─┤
                │         └─ 原因：内心深处有特定的恐惧，害怕面对痛苦的情感体验
   拖延VS懒惰 ─┤
                │         ┌─ 表现：不想做某件事，缺乏行动的欲望，没有自责感与焦虑感
                └─ 懒惰 ─┤
                          └─ 原因：大脑天生会被懒惰的行为吸引，节约能量以防不测
```

自救指南　03

> 那些该做的事，我们没有去做。
> 不该做的事情，我们却已然为之。
> ——《公祷书》

周一例会上，经理给依莎安排了一项工作。

依莎心里并不认可这个工作方案，无奈人微言轻，她没敢直接说出自己的想法，可抵触的情绪却压抑不住。回到工位后，依莎一个人生着闷气，周围的同事开始埋头忙自己的事，没有人留意到依莎的情绪变化。

心情不好的依莎，根本提不起工作的兴致，望着窗台上的盆栽神游了几分钟，又起身给自己冲了一杯咖啡，希望能缓和一下糟糕的心情。当她再次坐下时，看了一眼便签和日历，发现今天竟然是情人节了，可男朋友似乎不知道，一点儿表示也没有。

依莎强忍着郁闷，收拾好桌面，准备进入工作状态。忽然，办公室里的声音变得嘈杂起来，晓雯问一位同事："咱们中午吃什么？要一起订餐吗？"这句话也打开了其他人的话匣子，你一言我一语的说话声，吵得依莎心烦意乱。

周二下午，经理向依莎询问工作进度，她不敢如实汇报。昨天她什么都没做，下班后又和男朋友闹矛盾，整个人都不在状态。

很多时候，影响工作质量的不是工作本身的难度，而是坏情绪和其他因素，比如和同事闹了不愉快、和亲人朋友吵架，或者遇到了一些糟心的麻烦，都会带偏我们的情绪。当坏情绪占据上风时，原本能在规定时间内完成的工作，或是已经定好的计划，就会很容易被打乱，顺理成章地被拖延；即便是可以轻松完成的工作，在执行时也会变得缓慢，拖拖拉拉。

莎士比亚说："忧思分割着时季，扰乱着安息，把清晨变为黄昏，把昼午变为黑夜。"谁都希望自己保持好状态，远离消极情绪，可我们毕竟只是普通人，很难做到心如止水。面对这样的现实，我们能够做的就是学会正确处理负面情绪，尽可能地减少消沉的时间与频次。

☝ 当负面情绪腾起时，停止自我批判

情绪是人类很自然的心理和生理反应，本身不受意志力的控制。若用抵抗的态度阻止负面情绪的发生，回避对自我不接纳的痛苦感受，反而会激发出更恶劣的情绪。

当负面情绪在心里腾起时，请停止这样的批判——我怎么可以生气？我怎么可以焦虑？我怎么可以恐惧？这是身体的真实感

受，不需要压抑它，你有权坦然地承认——我就是很生气！我感觉很委屈！我心里很害怕！

与痛苦待在一起的滋味并不好受，但也只有在这个时刻，我们才能够摒弃嘈杂的想法，不再为对抗情绪而耗费心力，从而静下来审视：现实情况究竟有没有那么糟糕？真正棘手的问题在哪儿？我的负面情绪背后隐藏的真实需求是什么？现在的我能够做点儿什么？

💡 自我宽恕比自我苛责更利于改善拖延

2010 年，加拿大卡尔顿大学心理学教授迈克尔·沃尔和另外两位专家，进行了一项和拖延有关的研究，结果发现：那些能够原谅自己在准备第一次考试时拖延的学生，在下一次备考时拖延的概率会降低。因此，他们得出结论：自我原谅可以让个人摆脱不适应的行为，专注于即将到来的考试，而不受过去行为的影响，从而提升做事的效率。

当负面情绪导致重要的事务被拖延时，自我宽恕比自我苛责更利于自我改变。

内疚和自责会降低我们的自尊，让我们觉得自己一事无成、懒散，继而陷入"放松—自责—更严重的放纵"的怪圈。自我宽恕，才有勇气继续尝试，从而让我们觉得一切都存在变好的可能。

有意识地转移注意力，避免沉溺在糟糕的情绪里

痛苦往往会在反复咀嚼中加倍，我们要避免自己长时间地沉溺在消极的情绪中。

当感觉情绪状态糟糕时，我们可以根据自己的兴趣有意识地将其转移到可以替代的事情上。当情绪恢复到可以接受的范围时，要及时把自己拉回到当下要完成的任务中。

战拖速读导图

消极情绪
- 打乱计划
- 降低效率 —— 诱发拖延
- 精力不足

诱发拖延
- 自我批判 ⟿ 降低自尊，认为自己一事无成，懒散成性
- 自我宽恕
  - 情绪缓释：根据自身兴趣下意识地转移注意力
  - 有效地控制拖延，专注于当下要做的事情

自救指南　04

从"完美主义心态"调整为"成长心态"

> 完美主义，我的定义是，
> 一种充斥在生活中的对失败的失能性恐惧，
> 尤其是在我们最在意的地方。
>
> ——泰勒·本·沙哈尔

上周四，负责新媒体运营的晓喆被领导批评了，原因是公众号的推送延迟了一小时。

晓喆无可辩驳，责任确实在他。那天要推送的文章中有大量的图片，晓喆一直忙活图片的剪裁和排版，希望把它们处理得完美一些。等他感觉比较满意时，忽地发现已经错过了往常的推送时间。晓喆赶紧把内容穿插进去，慌忙之中，他顾不上仔细地检查错别字，导致群发之后，不少读者在后台纠正错别字，非常尴尬。

领导的批评声不时地回荡在晓喆耳边，内心的自责更是令他坐立难安。回想这件事，晓喆也挺懊悔：要是自己不过分纠结不必要的细节，先把重要的文字和图片放上去、检查好，再去完善其他细节，错误百出的问题就可以避免了。

其实，晓喆已经不是第一次犯这种错误了。他总想把事情做到完美，得到周围人的一致肯定，结果忽略了每个项目都有时限。他认为费尽心思打磨的过程是精益求精，可在同事和领导眼里，不过是做事拖拉、效率低下。

💡 拖延 VS 完美主义

美国芝加哥德保尔大学心理系副教授拉里说："某些拖延行为其实并不是拖延者缺乏能力或努力不够，而是某种形式上的完美主义倾向或求全观念使得他们不肯行动，导致了最后的拖延。他们总在说：'多给我一点时间，我能做得更好。'"

如果一个人总想着万事俱备后再开始，过分纠结不必要的细节，希望把事情做到无可挑剔，那么结果往往是——要么长时间处于准备阶段，要么迟迟无法完成手中之事。这种类型的拖延者，就是被完美主义心态束缚了，他们对自己的期望很高，但这种期望却根本不切实际。

完美主义不都是消极的，有"适应型"与"适应不良型"之分。

适应型的完美主义者，对自己有很高的期望，虽然追求完美，但不忘尊重现实，他们相信自己有能力实现这份"完美"，并不断地为之努力。

适应不良型的完美主义者，对自己的期望也很高，可这种期望是不切实际的。总想把事情做到极致、惊艳四方的他们，内在通常都有一些不合理的信念，如：自我价值源于成就；犯错是能力不足的表现；努力的结果只有成功和失败，不存在足够好的状态；没有十足把握的事情不能做。这些错误的信念，加深了完美主义者对失败的恐惧，让他们不敢"轻易行动"，更不敢"轻易完成"。

💡 完美主义型拖延者的自救指南

完美主义型的拖延症患者"有救"吗？答案是，当然"有救"！

美国临床心理学家、教育学博士比尔·克瑙斯指出："如果你是一个完美主义者的话，你要做的就是在每次被完美主义拖延时告诉你自己——打住！"

自救指南 1：提醒自己不完美也没关系

当你力求完美，用拖延来延缓焦虑时；当你钻牛角尖，为某些瑕疵纠结时；当你对某件事物感到恐惧和不自信时，都可以提醒自己说："没关系，谁都不是完美的。"当你承认了不完美是常态，接纳了那个有缺陷的自己时，拧巴的感觉会被削弱。

自救指南 2：把"完美心态"调整为"成长心态"

工作能力与自我价值之间没有绝对联系，不是非得做到完美才能证明自己有价值，也不是一件事情没做好就意味着整个人都是失败的。把"完美心态"调整成"成长心态"，相信能力是可以发展的，随着时间的推移和经验的积累，我们会越来越优秀。秉持这样的心态，可以减轻对失败的恐惧，卸下心理压力。

🧍 自救指南 3：完成胜于完美，有选择性地追求精益求精

完美主义有两种，一种是在行动中不断朝着完美精进，先完成再完美；另一种是构想达到完美的状态，不完美不成活。完美型拖延者要逐渐向前一种状态靠拢：<u>先着眼于全局，把事情完成，再有选择性地精益求精，做一个"部分完美主义者"，而非处处吹毛求疵。</u>

万物有裂痕，光从痕中生，愿你能与不完美和解。

🧠 战拖速读导图

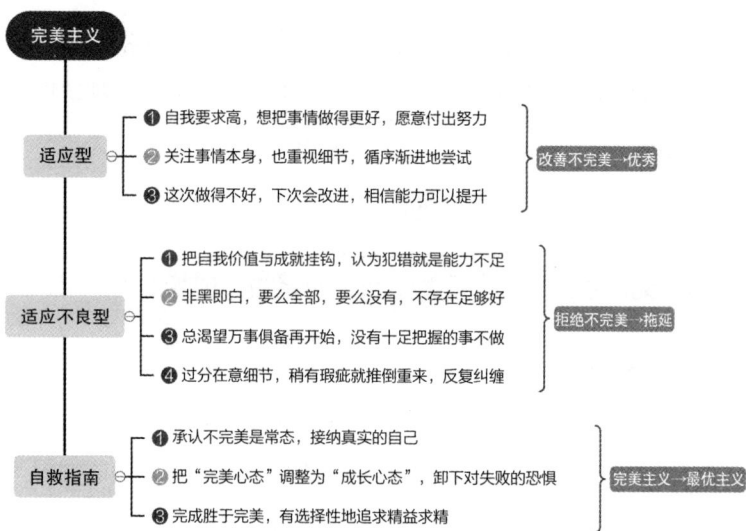

完美主义

适应型
❶ 自我要求高，想把事情做得更好，愿意付出努力
❷ 关注事情本身，也重视细节，循序渐进地尝试   ｝改善不完美 →优秀
❸ 这次做得不好，下次会改进，相信能力可以提升

适应不良型
❶ 把自我价值与成就挂钩，认为犯错就是能力不足
❷ 非黑即白，要么全部，要么没有，不存在足够好   ｝拒绝不完美 →拖延
❸ 总渴望万事俱备再开始，没有十足把握的事不做
❹ 过分在意细节，稍有瑕疵就推倒重来，反复纠缠

自救指南
❶ 承认不完美是常态，接纳真实的自己
❷ 把"完美心态"调整为"成长心态"，卸下对失败的恐惧   ｝完美主义 →最优主义
❸ 完成胜于完美，有选择性地追求精益求精

自救指南　05

> 这个世界上可以穿透一切高墙的东西，
> 就在我们的内心深处，那就是希望。
> 希望是美好的事物，也许是世上最美好的事物，
> 美好的事物永不消逝。
>
> **——《肖申克的救赎》**

在篮球场上，潇宇永远是团队中最给力的得分后卫，有出色的外线远射能力和跳投能力，是团队中的灵魂人物。每次打完比赛，虽说大汗淋漓，消耗甚大，可潇宇依旧生龙活虎，精力充沛，感觉浑身有使不完的劲儿！

可是，告别赛场，走进教室，潇宇就像换了一个人，完全打不起精神，眼神暗淡无光，一副生无可恋的表情。特别是高数课程，他几乎每次都是打着哈欠上完课的，老师安排的作业总是拖拖拉拉，经常是在被点名后才记得做，成绩也是一塌糊涂。

高数老师提醒潇宇，要是再不努力学，考试都很难通过。潇宇知道后果的严重性，无奈地说了一句："我不是学数学的材料，从小到大就没考过好成绩，努力也白搭……"听到潇宇的这番自我评价，高数老师意味深长地说了一句："也许不是学不会，是

习得性无助了。"

🔅 什么是习得性无助？

习得性无助，是美国心理学家塞利格曼 1967 年在研究动物时提出的：因为重复的失败或惩罚而造成的放弃努力的消极行为。

塞利格曼用狗做了一项经典的实验：起初把狗关在笼子里，只要蜂鸣器一响，就对狗施以电击，被关在笼子里的狗无法逃避。多次实验后，实验者在施以电击前，先把笼门打开，但在此时，蜂鸣器一响，狗非但不逃跑，而且不等电击出现就先倒在地上呻吟和颤抖。原本可以轻而易举逃跑的它，却只是绝望地等待着痛苦的降临。

当一个人面对不可控的情境，认识到无论怎样努力都无法扭转不可避免的结果后，就会产生放弃努力的消极认知和行为，表现出无助和消沉等负面情绪。人在陷入习得性无助中后，就会不自觉地按照已知的预言来行事，最终令预言发生，从而进一步恶化当事人的身心状态，影响他的理性判断和学习的能力。

潇宇自认为不是学数学的材料，所以即便有时间和精力他也不会去学习，因为他认定了自己学了也不会懂，成绩自然是一塌糊涂。之后，他就会对自己说："我果然不是学数学的材料。"延伸到其他领域，当一个人认定这辈子自己都不配过好的生活时，他就会在不知不觉中延续会让自己变得更差的习惯，暴食、熬夜、懒散，结果真的把生活弄得一塌糊涂。

自证预言在现实生活中被频频验证，实际上就是心理暗示造成的结果。

人在对自己进行认识、了解的过程中，很容易受到外界的影响，从而在自我认知上出现偏差。这种自我设限如同魔爪，让人在想要释放潜能的时候一把被拦住。时间久了，它会让人在心里默认——我是不可能成功的，于是——能躲就躲，能拖就拖。

💡 改变归因模式，克服习得性无助

塞利格曼认为：消极的行为事件或结果本身并不一定会导致无助感，只有当这种事件或结果被个体知觉为自己难以控制和改变时，才会产生无助感。

习得性无助，是人在面对痛苦的时候自发产生的动物本能。要消除习得性无助感，最重要的是改变不良的归因模式，不要总把失败归因于能力，可以尝试着把失败归于努力因素。在面对挑战的时候，增加重复次数与强度，为自己累积优势。

下一次，当挑战摆在眼前，你心里那个消极怠慢的念头再次闪现时，尝试理性地告诉自己："这件事，1 遍做不好，我就努力做 2 遍，进步一点点；2 遍做不好，我就努力做 3 遍，再进步一点点……要是 N 遍做不好，我就努力做 N + 1 遍！"

🧠 战拖速读导图

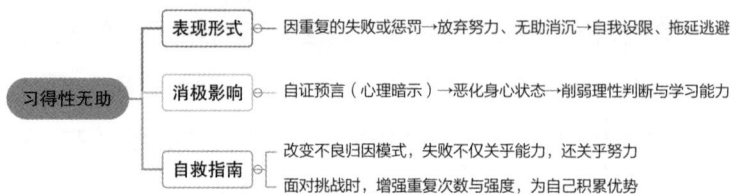

习得性无助

- **表现形式** ⟶ 因重复的失败或惩罚→放弃努力、无助消沉→自我设限、拖延逃避
- **消极影响** ⟶ 自证预言（心理暗示）→恶化身心状态→削弱理性判断与学习能力
- **自救指南** ⟶ 改变不良归因模式，失败不仅关乎能力，还关乎努力
  - 面对挑战时，增强重复次数与强度，为自己积累优势

自救指南　06

> 回避问题和逃避痛苦的倾向，是人类心理疾病的根源。
> 不及时处理,你就会为此付出沉重的代价,承受更大的痛苦。
> ——斯科特·派克《少有人走的路》

上午8：30，校外图文打印店门口，一个身影正焦急地左顾右盼。

那是艾瑞克，他在等店主开门，打印毕业论文。终于等到了店员上班，颇有经验的店员在打印之前皱了一下眉头，好心提醒："同学，你的论文格式有问题，是不是得调整一下？"

艾瑞克的脑袋"嗡"的一声响，心也紧缩成了一团：只剩下2天时间了，这不是要命吗？

艾瑞克忍不住腹诽自己：为什么事先没换一台电脑看看文档？为什么把写论文的事拖到现在？明明有半年的时间可以准备，非要把自己搞得这么狼狈！

半年前，艾瑞克的论文的方向和题目就已确定，但他一直搁置着未动。被导师催了好几次，才递交上了一份稀里糊涂的开题报告。上交的那一刻，他就已经做好了"被退回"的准备，结果也正如他所想，遭到了导师的一通狠批。几经修改，方才勉强被允许继续撰写论文。

艾瑞克一向发愁写作，面对艰难的论文，他忍不住地想要逃、想要躲、想要拖。

——原本定好周六撰写论文，结果却赖在床上迟迟不肯起来，还告诉自己说："周末本来就是用来休息的，既然计划已经被打破了，不如再睡一会儿吧！"

——好不容易打开文档，同学发来消息邀约打游戏。艾瑞克随即就上线了，心想："玩几局游戏，兴许能让我精神一点。"

——遇到问题要查找资料，只是去图书馆的路途遥远，艾瑞克打心眼里发憷。不过，他找了一个微妙的理由："先在网上查找一下，找不到再说。"结果，八卦新闻把他拽跑了。

为什么艾瑞克在写论文这件事上会掉进拖延的沼泽？

有一个重要的因素不可忽视：艾瑞克向来发愁写作，打心眼里不喜欢写东西，按照他的写作水平，完成写论文这项任务比较困难！面对一件自己很讨厌且能力不足以轻松应对的事，谁会满心欢喜地去做呢？

当一项任务令人感到厌恶，且做起来很困难时，我们会更倾向于推迟行动。

可是，生活不能处处遂人愿，我们更不可能只选择喜欢的事，拒绝一切讨厌的事。拖延的时候，该解决的问题不会自行消失，只会因错失了绝佳的解决时机而变得更加复杂和棘手。

诱惑捆绑＝讨厌的事＋喜欢的事

如何完成一项讨厌的任务呢？

宾夕法尼亚大学的凯瑟琳·米尔科曼教授提出了一个方法：诱惑捆绑！

简单来说，就是把一个自己并不享受却能带来长远利益的行为，和一个让自己此刻能感到快乐的行为绑定在一起；只有在做完那件你想要拖延的事情时，才能做那件你喜欢的事。

假如你不喜欢运动，却又想获得健康的身体，那么你不妨把运动和自己喜欢听的音乐绑定在一起，并规定只能在运动时听这些歌单。这种绑定可以是灵活多变的，关键在于用诱惑对抗阻力，只要这个诱惑有足够的吸引力，就能在克服拖延上发挥一定的效用。

特别要注意的是，捆绑在一起的两件事，必须是能够互补甚至是相互促进的。

如果一项工作需要专注，那么另一项事务也不能太分心，因为我们很难一边写作一边听书，要是一边收拾家务一边听书，就是可行的。

战拖速读导图

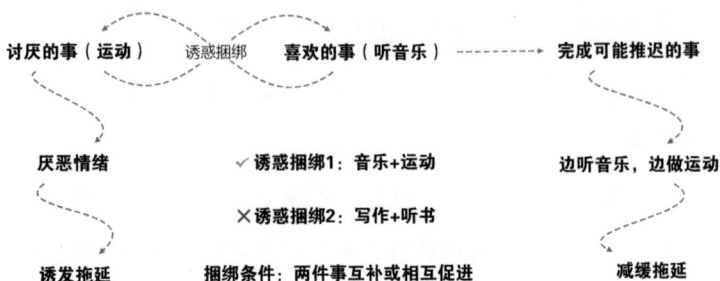

讨厌的事（运动） ⸺ 诱惑捆绑 ⸺ 喜欢的事（听音乐） --------→ 完成可能推迟的事

厌恶情绪 　　　　✓诱惑捆绑1：音乐+运动 　　　　边听音乐，边做运动

　　　　　　　　✕诱惑捆绑2：写作+听书

诱发拖延 　　　　捆绑条件：两件事互补或相互促进 　　　　减缓拖延

自救指南　07

> 在你的一生中，你一直养成一种习惯：
> 逃避责任，无法做出决定。
> 结果，到了今天，即使你想做什么，也无法办得到了。
>
> ——拿破仑·希尔

陌陌离职了，原因是公司规模小，制度方面不够规范，执行计划总是受阻。

很快，陌陌就去面试了一家新公司。这家公司颇有名气，各项规章制度也比较完善，薪资待遇稍高一些，只是对员工的要求比较严格，且工作强度大。陌陌告知人事主管，自己需要完成上一份工作的交接手续，才能确定具体的入职时间。

没想到，在陌陌面试回来的路上，前一家公司的老板又联系了她，说希望她能够回去继续任职。这下子，陌陌犯了选择困难症：新公司规模大，相对规范，可她担心工作强度吃不消；前公司老板的信任让她感动，可又怕回去之后，工作的状态和原来一样。

那两天里，陌陌不停地权衡对比，反复在微信上复制自己的那些想法询问周围的人，希望有人能给自己拿个主意。对于那两家公司，她都选择了延迟回复的策略：对原公司老板说，自己没想好去留的问题；对新公司的人事主管说，自己还没有完成交接手续。

拖来拖去，陌陌也没想好该怎么选择。最后，她被一位脾气火暴的朋友扣上了"贪心"的帽子，说她什么都想要，但世上没有两全其美的好事！

决策拖延的根源

像陌陌一样的决策拖延者，是不具备快速做出决策的能力吗？

心理学家早就关注到了这个问题，且特意针对"决策拖延者"和"决策果断者"进行了实验，结果显示：决策拖延者在竞争力方面并不比行事果断的人差，他们可以有效地工作。当他们必须要做出一个决定时，在速度上与果断的人基本上是一样的，且准确率也差不多。也就是说，决策拖延者并不缺少快速做出决定的能力，是他们主动选择了放慢决策速度。

决策拖延者，为什么会恐惧做决策呢？

心理学家沃尔特·考夫曼指出："患有决策恐惧症的人，通常不会自己做决定，而是让别人替自己来决定。这样的话，他们就不用对后果负责了。"

缓解决策拖延的自救指南

针对决策拖延的问题，下面的几点建议或许可以给你带来帮助：

⛑ 自救指南 1：缩小选择范围，限制选择数量

选择过多，容易诱发决策拖延，所以要尽量把选择范围缩小，限制选择的数量。比如：换工作时，先划定筛选的要点，是要求距离近，还是薪资高？是希望按部就班，还是充满挑战？做出第一个判断后，再在其中进行划分和筛选，直至得到满意的答案。

⛑ 自救指南 2：决策之前收集重要的信息

克服决策拖延，不等于匆忙决策，这很容易造成决策失误。在确定选择范围后，要收集重要的信息（不必收集所有信息，达到 80% 即可），以信息为基础展开逻辑思考，这样才能做出相对可靠的决策。

⛑ 自救指南 3：权衡不同选择的利弊得失

决策的实质是做出选择，有选择就会有得失。为了减少后悔和遗憾的发生，在收集信息之后，针对不同的选择列一个利弊清单，对各种情况进行比对，权衡利弊后再做定夺。

⛑ 自救指南 4：让"魔力 8 号球"助你决策

如果实在无法做出决策，你还有最后一个选择：让"魔力 8 号球"助你决策。"魔力 8 号球"是一种用来玩占卜的玩具，外形看起来就像黑色的带有数字 8 的桌球，其中的一面有个三角形的窗口，摇动一下，这个窗口就会随机出现一条预设答案（共 20 条）。

不知如何抉择时，你可以向"魔力8号球"提问，摇一摇，看看窗口会出现怎样的建议。如果这条建议与你预期想法相悖，你可能会觉得这条建议不好，不予采纳。接着，再摇动"魔力8号球"，如果此时出现的建议和你的预期相符，你比较满意，可能就会采纳。

从上述的过程中，我们不难发现一个重要的事实——

"魔力8号球"本身并没有"魔力"，玩占卜的人内心知道要做怎样的决策，只是需要某种东西来证明自己的想法是对的，"魔力8号球"的存在只是刚好充当了这一反馈的角色。就算不是"魔力8号球"，而是另一个能够提供反馈的外物，也可以加快决策过程，缓解决策拖延的问题。

战拖速读导图

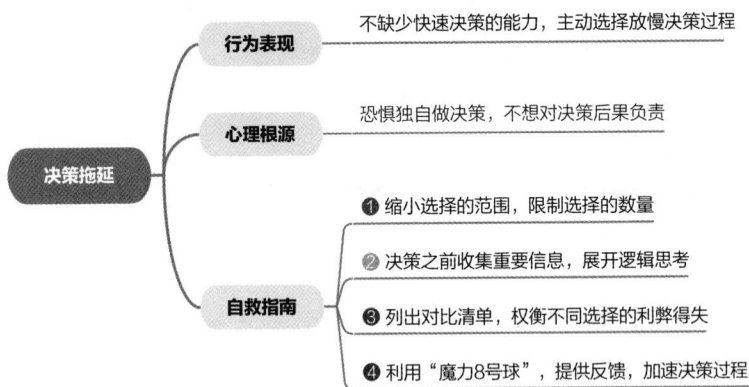

```
                    ┌── 行为表现 ──── 不缺少快速决策的能力，主动选择放慢决策过程
                    │
                    ├── 心理根源 ──── 恐惧独自做决策，不想对决策后果负责
        决策拖延 ──┤
                    │                  ❶ 缩小选择的范围，限制选择的数量
                    │                  ❷ 决策之前收集重要信息，展开逻辑思考
                    └── 自救指南 ────┤ ❸ 列出对比清单，权衡不同选择的利弊得失
                                       ❹ 利用"魔力8号球"，提供反馈，加速决策过程
```

自救指南 08

不必躲开优秀，亮出你真实的能力

> 我们害怕变成在最完美的时刻和最完善的条件下，
> 以最大的勇气所能设想的样子。
> 但同时，我们又对这种可能极为推崇。
> 这是一种对自身杰出的畏惧，或躲开自己的卓越天赋的心理。
>
> ——亚伯拉罕·马斯洛

洛小姐是我工作坊一位学员，她给我印象是一个擅长思考又颇具智慧的人。

在长达七天的课程学习中，洛小姐启发不少学员对生活哲学进行了深入的思考，同时让我感受到了精神层面的互动对个体内在的滋养，以及团队动力对个人成长的促进。

在洛小姐和小组学员交流的时候，我发现了一个细节：每次聊到有深度的话题时，洛小姐的神情都会透出一丝疑惑，并试探性地问伙伴："我整天琢磨这些艰深的问题，会不会被认为精神上存在自虐的倾向？毕竟，这和现实生活相距甚远，那么多有意思的事不琢磨，整天研究'不接地气'的问题，有人愿意听吗？"这些话看似是在问伙伴，其实是在问她自己。

在洛小姐的神情中，我体察到了一种不安和恐惧，似乎她与伙伴谈论那些有深度的话题是不应该的，好像这种谈话会让她这个人显得思想过于深刻，不谙世俗的朴实与快乐。可是下一次，她还是忍不住要谈起这些话题。

不只是我，参与工作坊的其他学员，特别是洛小姐所在的小组成员，都觉得她是一个非常有思想的人，而洛小姐似乎很害怕面对这样的形容与赞誉。

明明希望别人感受到自己是一个思想深刻的人，却又害怕面对别人的称赞与欣赏，对自己的言行感到不安。据我所知，有合作伙伴邀请洛小姐加入他们公司担任培训师，洛小姐内心是感兴趣的，却总是以各种借口推迟正式的入职，她似乎是在逃避成功，逃避自己的优秀。

人畏惧失败很容易理解，可对于成功和优秀，难道也会有人感到畏惧吗？也许你不敢相信，但事实的确如此，人不仅躲避自己的低谷，也躲避自己的高峰。

约拿情结

美国心理学家马斯洛在研究中发现：大多数人在接近自我实现时，在快要实现自己所向往的目标时，会开启自我防卫的心理，拒绝成长，拒绝承担更大的责任、突破自己。马斯洛将这种心理现象称为"约拿情结"。

约拿情结，是对成长的恐惧。在机遇面前，表现出自我逃避和退缩畏惧的行为，不敢去做自己可以做得很好的事情，甚至逃避挖掘自己的潜力，是一种阻碍自我实现的心理障碍。

之所以命名为"约拿情结"，是因为《圣经》里面有这样一段记载：

先知约拿奉上帝之命，前往尼尼微城去传信息。这是一项难得的使命和荣誉，也是约拿一直以来向往的。可是，当他完成了这项使命，看到荣誉摆在自己面前时，却感觉到了恐惧。于是，约拿把自己隐藏起来，不让别人纪念他，并认为自己所做的事是不得已的，是承蒙神的恩典才完成的，名不副实。借助这样的方式，约拿想把众人的目光引到神那里去。

人们渴望成功，却也害怕成功，因为任何事情都有代价。抓住成功的机会，意味着要付出相当大的努力，要面对许多无法预料的变化，并承担可能失败的风险。

心理学家研究发现，约拿情结产生的原因主要有 3 方面：

原因 1：早年因自身条件限制，产生了"我不行""我做不到"的想法，久而久之就变得自卑，即便日后有能力也不敢展示出来。

原因 2：成长环境未能提供足够的安全感和机会，致使个体患得患失，即便有机会摆在眼前，也不敢轻易尝试。

原因 3：所处的社会文化过分强调"谦卑低调"，为了迎合大众心理，故而隐藏光芒。

成功意味着"被看见"，被看见的时候，既有愉悦感和成就感，也会有不舒服感；既有骄傲感和荣誉感，也有暴露于众的尴尬感。对于自尊不稳定的人来说，他们想逃避的恰恰是被看见、被关注时以"羞耻感"为核心的负面情感。

☝ 克服约拿情结自救指南

在自我成长的路上，约拿情结是一块阻碍前进的巨石，正如马斯洛所说："如果你总是想方设法掩盖自己本有的光辉，那么你的未来肯定是黯然无光的。"

那么，如何克服约拿情结，超越自我呢？

☝ 自救指南1：了解内心的状况，接受约拿情结的存在

当你靠近自己渴望的目标时，一旦心里感到隐隐不安、产生逃避的倾向时，就是你的防御机制发生了作用，你在试图退缩到自己内心的安全领地。意识到这一点至关重要，你可以理性地知道发生了什么，然后做出有利于自己的选择——打破防御，克服恐惧的心理，鼓起勇气靠近内心渴望的目标。

☝ 自救指南2：从小事入手，积累勇气和自信

成长也好，成功也罢，都不是一蹴而就的。不妨从较小的目标入手，循序渐进地释放自己的潜能。每一次得到的鼓励和肯定，都会成为下一次行动的内驱力。生命是一个连续的过程，每一个选择都会伴随进退的冲突，如果每次都选择勇敢地前进一步，那么积累起来，就是不可小觑的大跨越。

战拖速读导图

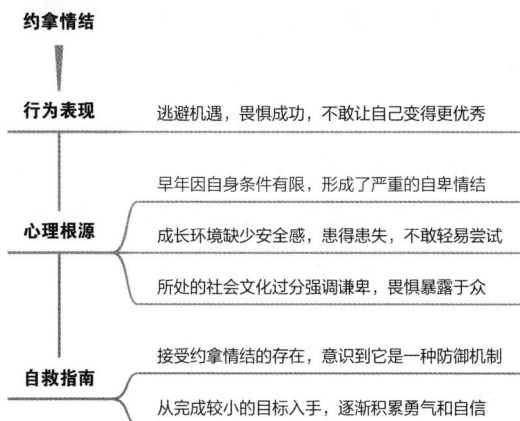

约拿情结

行为表现 逃避机遇，畏惧成功，不敢让自己变得更优秀

心理根源 早年因自身条件有限，形成了严重的自卑情结

成长环境缺少安全感，患得患失，不敢轻易尝试

所处的社会文化过分强调谦卑，畏惧暴露于众

自救指南 接受约拿情结的存在，意识到它是一种防御机制

从完成较小的目标入手，逐渐积累勇气和自信

自救指南　09

用相对直接的方式表达你的不满

> 被动攻击其实是一种"自我攻击"的变体，
> 愤怒的情绪已经在实施之前伤害了被动攻击者本身，
> 才会转化成指向外部的攻击。
>
> ——大将军郭

"在别人眼里，他是绝世好丈夫，脾气特别好。这一点我也承认，恋爱三年，我们之间没有红过脸，我觉得他很可靠，就嫁给了他。婚后，他还是一如既往地保持着好脾气，但我却感觉越来越难受……"此时此刻，小 K 正在咨询室里倾诉她的苦恼。婚姻生活里的"一地鸡毛"，不知何时开始，成了压在她心里的一块石头，让她透不过气。

"周末起来，他就开始打游戏，根本看不见有家务要做。见我不高兴，他赶紧认错，说自己不对，可有什么用呢？旧习不改！前天夜里，我醒来发现，他又跑到客厅打游戏……我让他做饭，他也不反驳，可是他做完饭后的厨房简直是一片狼藉，要收拾干净比做一顿饭花费的时间还长……"小 K 越说越不满，虽然都是细碎的小事，但正是这些小事串联起了日复一日的生活。

"我现在最讨厌他的地方是，明明约好的事情，不是忘了做，就是拖拖拉拉；不管多简单的事情，他都能给搞砸……为了这些事，我发了好多次火，可他似乎'刀枪不入'，永远都是一本正经地说'我错了''是我不对'，看起来就像是我在无理取闹。"

通过和小K的交谈，我清晰地感受到了她内心的愤怒与无奈。愤怒的是，丈夫的某些行为破坏了日常生活的秩序；无奈的是，丈夫在态度上表现出妥协和顺从，实则却在用"非暴力不合作"的方式与小K对抗，悄无声息地伤害着她。

现实中有一些人，从来不会与他人正面交锋，也不会在对方发火时用言语回击，但这并不代表他们内心没有愤怒，只是他们会选择用迂回的方式表达自己的不满。

小K的丈夫嘴上答应了不打游戏，却趁小K睡着时偷偷地玩，这就是在用行动表达抗议；还有那些"不经意"的忘记和拖延，都是在被动地表达——我不愿意，我不想做！

这种做法在心理学上被称为"被动攻击"，是一种常见的防御机制。

💡 被动攻击

被动攻击，也称作隐形攻击，就是用消极的、恶劣的、隐蔽的方式发泄愤怒情绪，以此来攻击令自己不满的人或事。

被动攻击的表现形式有很多，如：表面上听取意见、表示服从，私下却以不配合、随意敷衍、拖延等方式阻碍工作的正常进行；在别人表现出色时，不给予赞赏和表扬，反而鸡蛋里挑骨头；经常性地不遵守时间规定；很简单、很容易兑现的承诺，却总是失信于人。

通常来说，被动攻击的发起者在权力和地位方面不占优势，他们害怕发生正面冲突，因而不敢或不愿违背对方的要求，只好在表面上呈现出顺从的姿态。但是，他们内心的抗拒是真实存在的，这份不满和压抑也需要释放，而释放的形式就是在背地里进行破坏性的工作。

被动攻击型拖延者的自救指南

被动攻击的倾向是一种不成熟的自我防御，以不合作、拖延的方式表达不满和愤怒，无法让他人了解你的感受，之后对方还会继续以同样的方式对待你。更糟糕的是，这种被动攻击还可能会破坏彼此的关系，如：长时间不回复消息、拖延完成任务，会让对方沮丧又愤怒。

那么，怎样才能减少用被动攻击的方式处理问题呢？

自救指南 1：识别自己是否有被动攻击的倾向

被动攻击的模式，主要有以下几种：

· 否认愤怒——我没事儿。

· 逃避责任——我以为是 XX 负责的呢！

· 忘记重要的事——不好意思，我忘了。

· 故意降低效率——我做统计了，但没想到你是要近半年的。

· 口头顺从，行为推迟——我看完这场比赛就去洗碗。

· 停止交流，拒绝沟通——你说得对，就听你的。

可能之前你出现过类似的情况，但没有意识到这是被动攻击的信号，它是在提醒你内心对某人或某事存在不满，你需要重视自己的感受。

🕐 自救指南 2：为你的不满找一条相对直接的表达途径

无论是主动攻击还是被动攻击，都是无法很好地释放和转化攻击性的表现，我们要学会为不满找一条相对直接的表达途径。这里说的"相对直接"，不是恶语伤人的反击，而是用平和的态度，坦诚地表达出自己的感受、想法和态度。心理学研究证实，当我们能够坦诚地表露自己的感受时，不但不会损害关系，反而还会促进彼此的情谊。

🕐 自救指南 3：思考愤怒的根源，深入地了解自己

威斯康星大学绿湾分校心理学博士瑞安·马丁（Ryan Martin），长期致力于对愤怒的研究。他在 TED 演讲中提到：愤怒这种情绪不是一个"问题"，而是一种提醒。当我们愤怒时，要思考一下，到底是什么让自己如此生气？是对方强势的态度，对自己的不尊重，还是其他？无论是哪一种，当我们能够正视愤怒时，就对自己有了更深入的了解。

⚕ 战拖速读导图

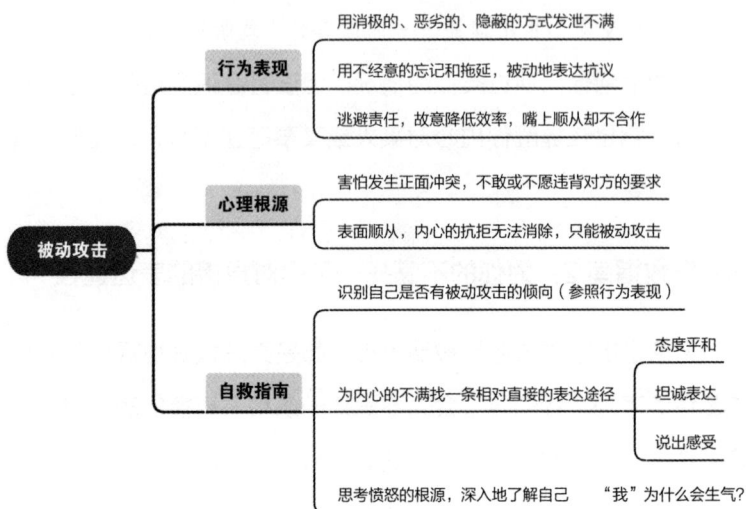

被动攻击
- **行为表现**
  - 用消极的、恶劣的、隐蔽的方式发泄不满
  - 用不经意的忘记和拖延，被动地表达抗议
  - 逃避责任，故意降低效率，嘴上顺从却不合作
- **心理根源**
  - 害怕发生正面冲突，不敢或不愿违背对方的要求
  - 表面顺从，内心的抗拒无法消除，只能被动攻击
- **自救指南**
  - 识别自己是否有被动攻击的倾向（参照行为表现）
  - 为内心的不满找一条相对直接的表达途径
    - 态度平和
    - 坦诚表达
    - 说出感受
  - 思考愤怒的根源，深入地了解自己　"我"为什么会生气？

自救指南 10

警惕那只"即时行乐"的猴子

> 那些不能控制自己的性情倾向,
>
> 不知道如何抵制当前快乐或痛苦的纠缠,
>
> 不能按照理性告诉他的原则去行事的人,
>
> 缺乏的是德行和勤勉的真正原则,
>
> 而且他因此正处于将来落得一事无成的危险境地。
>
> ——约翰·洛克

1999年,国外的三位专家开展了一项与人类选择倾向有关的实验。

实验的过程是这样的:为受试者提供24部电影候选名单,让他们从中选择3部。这些电影中,有符合大众口味的影片,如《西雅图不眠夜》《窈窕奶爸》;也有一些引人思考的经典影片,如《钢琴家》《辛德勒的名单》。专家们想要了解,受试者会选择娱乐性的大众影片,还是耐人寻味的有深度的影片。

实验开始后,受试者们各自挑选出了自己比较喜欢的3部电影。然后,专家让他们从中选择1部放在第一天观看;再选出1部,两天之后观看;最后1部,四天之后再观看。

在受试者们喜欢的影片名单中,《辛德勒的名单》几乎成了必选项,因为它实在太经典了。不过,选择在第一天观看《辛德勒的名单》的人却只有44%,多数人更倾向于看娱乐性的电影,如《变相怪杰》《窈窕奶爸》等；把《辛德勒的名单》放在第二天和第四天观看的人，所占比例分别为 63% 和 71%，人们好像更倾向于把有内涵的影片放到最后观看。

后来，专家们又进行了另外一项实验。这一次，他们要求受试者选择可以一次性连续看完的 3 部影片。面对这样的要求，选择《辛德勒的名单》的人只有之前实验人数的 1/14。

专家们通过实验发现：人们在做选择的时候，总是会不自觉地倾向于安逸的事。这种行为倾向被称为"即时倾向"，即现在可以得到的满足感更为重要！只要眼下舒适安逸就好，现在想要的东西，之后未必还想要，所以不妨先满足即时的需求。

👤💡 警惕那只"即时行乐"的猴子

美国知名博主蒂姆·厄班，曾在 TED 上做过一个有关拖延症的演讲，试图解释拖延症患者的脑子是什么样的，以及他们为什么会拖延？演讲过程中，他提出了一个形象的比喻：

"非拖延者和拖延症者的大脑里，都有一个理性决策人，但拖延症患者的大脑里，还有一只及时行乐的猴子！这个及时行乐的猴子并非你，它完全生活在当下，没有过去的记忆，也没有未来的概念，他只关注两件事——简单和开心。"

不由自主地倾向于安逸的事，渴望即时满足，这是让人陷入拖延的一个重要原因。

英国哲学家约翰·洛克曾尖锐地指出："那些不能控制自己

的性情倾向，不知道如何抵制当前快乐或痛苦的纠缠，不能按照理性告诉他的原则去行事的人，缺乏的是德行和勤勉的真正原则，而且他因此正处于将来落得一事无成的危险境地。"

如果总是败给冲动，让那只"即时行乐"的猴子屡屡得逞，那么拖延是不可避免的。要是任由这只猴子任性妄为，还可能会造成恋爱关系不良、领导力下降，甚至滥用药物、暴力、自杀……这绝不是危言耸听，当恶习比美德带来更多的即时满足感，就是这般结果。

如何驯服"即时行乐"的猴子？

大量的心理学实验表明，满足自己一时的情绪需求不是最佳的策略。从长期角度来看，它会降低一个人的自我满足感和幸福感。M. 斯科特·派克在《少有人走的路》中指出："为了更有价值的长远结果，应放弃即时满足，不贪图暂时的安逸，重新设置人生快乐与痛苦的次序：先面对问题并感受痛苦，然后解决问题并享受更大的快乐，这是唯一可行的生活方式。"

在派克看来，自律是解决人生问题最主要的工具，而实现自律的第一步就是"推迟满足感"。那么，我们该如何驯服那只"即时行乐"的猴子，学会延迟满足呢？

自救指南 1：在被即时满足的欲望控制之前采取阻断措施

当你意识到某些事物对自己的诱惑力很强时，可以尝试一下先发制人。比如：你经常在读书时翻看手机，有时就会推迟既定的读书任务，那么下一次读书前，不妨把手机留在其他房间，远离手边。

自救指南 2：换一种安全可控的方式满足正常的需求

压抑欲望需要调动意志力，但意志力是有限的，一旦意志力被耗尽，你就会彻底失控。真正持久而有效的方法是：在欲望增强并控制我们之前，用一种安全和可控的方式来满足正常的需求。比如：你特别喜欢奶油蛋糕，你可以选择只吃 1/3 满足自己的味蕾，其余的 2/3 分享给朋友或家人，这样你既获得了满足，又没有超量。

战拖速读导图

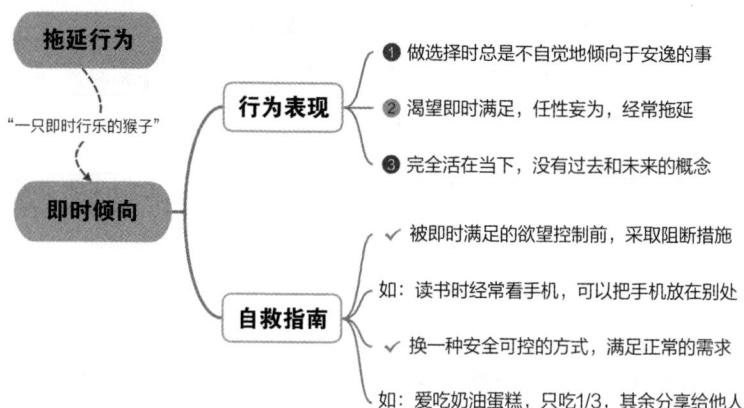

拖延行为

"一只即时行乐的猴子"

即时倾向

行为表现
❶ 做选择时总是不自觉地倾向于安逸的事
❷ 渴望即时满足，任性妄为，经常拖延
❸ 完全活在当下，没有过去和未来的概念

自救指南
✓ 被即时满足的欲望控制前，采取阻断措施
如：读书时经常看手机，可以把手机放在别处
✓ 换一种安全可控的方式，满足正常的需求
如：爱吃奶油蛋糕，只吃1/3，其余分享给他人

自救指南 11

> 当你能认识到每一天的你，
> 其实都别无二致的时候，
> 你才能更容易控制今天的自己。
>
> ——霍华德·拉克林

　　小莫准备参加年底的一个职业资格考试，从年初就开始复习了，他自己制订的复习计划是 10 个月，相关课程的复习顺序也都安排好了，一副胜利在望的样子。

　　时间步履不停，春去夏来，时间过去了半年。小莫的复习进度比计划中慢了很多，有三门课程至今一遍也没有复习过。对此，小莫并不太着急。在他眼里，时间似乎是橡皮筋，仿佛最后的一段时间可以无限延伸，能让他完成所有科目的复习。

　　眼下的小莫，每天不紧不慢，兄弟约他出去玩，他也多半都会赴约，全然把备考的事情抛在脑后。偶尔，兄弟也会顺带说一句："你安排好时间，别耽误了正事，不方便就直说，可以等考完再约。"小莫却只是咧嘴一笑，满是自信地说："今天耽误的时间，明天再补回来呗！"

今天耽误的时间，明天可以补回来吗？

现实往往是，当"明天"如约而至时，你的压力会更大，因为你心里很清楚，任务量增加了。恰恰是在这个时候，我们才会幡然醒悟，原来时间并没有"昨天"想象得那么充裕，它依然和"昨天"一样，而自己能够集中精力做事的时间，也和平日没什么区别。即便可以延长做事的时间，可随着精力的消耗，效率是递减的，你会身心俱疲。

主观时间 VS 客观时间

时间有"客观时间"与"主观时间"之分，人们在拖延的时候，经常会把两者混淆。

客观时间，是能用日历和钟表来衡量的，可预知且不可更改。

主观时间，是人们对钟表之外的时间的经验，是不可量化的。

主观时间的变体是"事件时间"，即围绕一件事的发生、发展而定位我们的时间感。

举例来说：外出游玩时，你可能觉得一天的时间很快就过去了；可排队等着上厕所时，时间显示只等了2分钟，你却感觉无比漫长，1秒钟都是煎熬。

如果你可以做到把个人的主观时间和不可更改的客观时间整合到一起，让两者实现无缝衔接，就不会导致拖延。比如：你正沉浸于打游戏，但你知道自己应该在下午6点钟到体育馆游泳，哪怕距离6点钟还有1小时，你也可以关闭游戏，收拾整理东西，为游泳做准备。

　　关键的问题是：我们的主观时间和客观时间经常会发生冲突，致使我们不愿也无法认识到，两者存在很大的差异。比如，到了运动的时间，把今天的任务拖到明天时，想象着明天有充裕的时间去弥补，却忽略了不可更改的客观时间——明天还有明天的事，明天不会因为今天推迟的任务而凭空增加1小时。

⚟ 稍后思维

　　拖延，赋予我们一种全知全能的幻觉，让我们误以为自己可以掌控时间、掌控他人、掌控现实。这种全知全能的幻觉，会让我们形成一种"稍后思维"。

　　稍后思维是一种认知转向，就像心理上开小差，暂时回避紧迫而重要的事情。这种思维的核心是，总觉得"将来做"比"现在做"更好。

　　如果你在面对一项紧迫而重要的任务时，脑子里冒出了下面的这些想法，那你就要提高警惕了，它们很可能是阻碍你行动的思维陷阱。

　　——"先休息一会儿，休息好了更有精神！"

　　——"我还得把这个想法完善一下……"

　　——"我得找一些新的资料，要不先看看工具书吧？"

　　——"明天再做吧，今天难得和朋友见面。"

　　稍后思维犹如一剂麻醉针，让我们麻痹理性的思考，想当然地认为自己肯定会做，只是推迟一点时间而已。殊不知，在"稍后"的过程中，一个个"现在"已经流逝。

情感预测偏差

哈佛大学心理学教授丹吉尔·伯特，以及弗吉尼亚大学的学者蒂姆·威尔森，经过研究指出：人们对未来积极或消极的场景相关的情绪（或情感）的预测，往往与实际体验存在偏差，我们总是会不理性地把"现在的感觉"当成"将来的感觉"。比如：吃过午饭后去逛超市，往往会低估未来几天的食材消耗量而少买了东西；瘾君子在刚吸完毒品后，也会低估自己之后对毒品的渴望程度。

为什么会出现这样的偏差呢？主要原因有两点：

低估其他事情对未来想法和感受的影响程度。

预测未来时，过于看重当前的情形与当下的心情，忽视了在未来的状况下会发生的事情，以及我们可能会出现的感受。

扩展到拖延的问题上，道理也是一样的。

当我们准备"明天再做"时，我们关注的是当下的情感状态，且会错误地认为"明天的我"的情感状态会和"现在的我"一样。"现在的我"十分信任"明天的我"，认为"明天的我"会更积极、更自律、更高效。

我们并不擅长预测情感，即便这一刻乐观至极，可随着明天的到来，这份乐观终会崩塌瓦解。当情势不再乐观，负面情绪涌来，趋乐避苦的我们，很有可能会继续拖延。

掐灭对"明天的我"的幻想

当"现在的我"产生了"明天再说"的想法时，一定要打破
这个幻想。

自救指南 1：认清客观时间

明天和今天的时间是一样多的，不会凭空增多。

自救指南 2：认清"明天的我"

"明天的我"和"现在的我"没有什么不同，也不会比"现
在的我"更可靠。

自救指南 3：拉近"两个我"的距离

想象一下，"明天的我"如何看待"现在的我"？如果"现在的我"
放弃即时行乐，"明天的我"是否会因此心怀感激？尝试把"现
在的我"的压力告诉"明天的我"，拉近"两个我"的距离，有
利于做出理性的选择。

⌕ 战拖速读导图

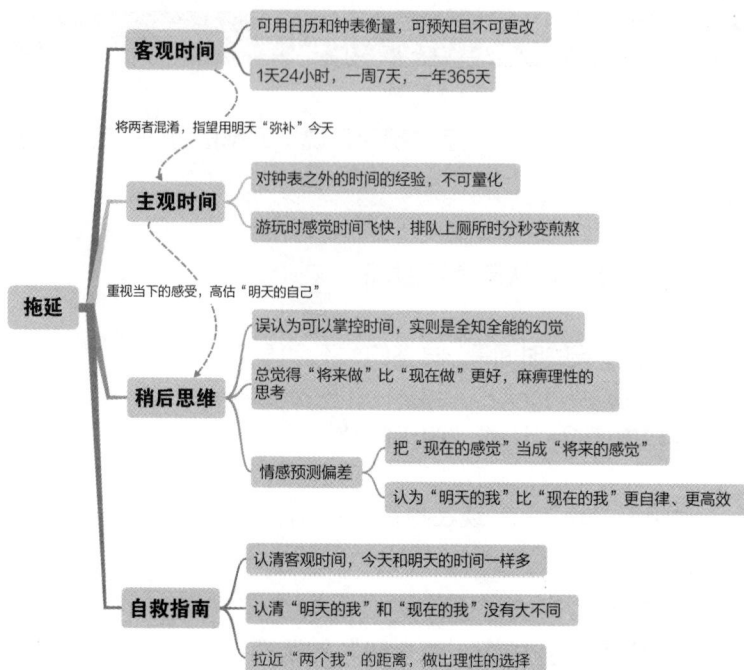

```
                  ┌─ 客观时间 ─┬─ 可用日历和钟表衡量，可预知且不可更改
                  │            └─ 1天24小时，一周7天，一年365天
                  │
          将两者混淆，指望用明天"弥补"今天
                  │
                  ├─ 主观时间 ─┬─ 对钟表之外的时间的经验，不可量化
                  │            └─ 游玩时感觉时间飞快，排队上厕所时分秒变煎熬
  拖延 ─┤
          重视当下的感受，高估"明天的自己"
                  │
                  ├─ 稍后思维 ─┬─ 误认为可以掌控时间，实则是全知全能的幻觉
                  │            ├─ 总觉得"将来做"比"现在做"更好，麻痹理性的
                  │            │   思考
                  │            └─ 情感预测偏差 ─┬─ 把"现在的感觉"当成"将来的感觉"
                  │                             └─ 认为"明天的我"比"现在的我"更自律、更高效
                  │
                  └─ 自救指南 ─┬─ 认清客观时间，今天和明天的时间一样多
                               ├─ 认清"明天的我"和"现在的我"没有大不同
                               └─ 拉近"两个我"的距离，做出理性的选择
```

自救指南 12
远离"高压下做事"的劣质快感

> 你一次又一次地推迟完成任务，直到越来越接近最终期限
> （Deadline），你错误地认为，这是最好的完成任务的方法。
>
> ——M. 朱克曼

　　舟舟在一家公司负责数据统计工作，基本上每个月要完成 4
次数据统计。这就意味着，每个周六之前，舟舟必须要统计好这
一星期的数据。

　　舟舟最喜欢的工作日是周一，看着同事们都绷紧神经地忙着，
她却一脸悠闲，因为还有五天时间来统计数据。她的工作模式基
本上是固定的，周三之前优哉游哉，周四才开始"正经"地干活。
到了周五，她要整理几个部门整个星期的数据，此时任务量是很
庞大的。

　　往往在这一刻，舟舟才意识到时间不多了。然后，她会熬夜
加班，踩着最后的节点完成手里的工作。最后，再暗暗感叹："我
在压力下工作更出色。"

　　拖延着任务不做，美曰其名"有压力才有动力"，等待着不

可预期的情绪状态的到来。实际上，这就是在寻求刺激，期待着自己在最后一刻采取行动时，呈现出一副满血的姿态，把任务出色地做好！说到底，这依然是"明天的我会比现在的我更出色"的错误思维在作祟。无数个现实的案例告诉我们：在极其有限的时间里，慌慌张张地赶进度，很难保证出色地完成任务。

德保尔大学著名的心理学教授约瑟夫·费拉里，在《万恶的拖延症》中讲过一个案例：

伦敦某家主流报社，通常要求记者们周一上报自己的选题，周二则召集 12 个部门的编辑们共同召开会议，选出这一周最为满意的主题。这 12 个部门彼此之间是竞争对手，在会议上，编辑们像疯了一样毫无理智地抨击其他人的构想，把别人批判得一无是处，不是说构思老套，就说想法愚蠢，似乎只有自己的构想最靠谱。

报社的一位名叫约翰的记者告诉费拉里，这样的争吵几乎每周都会发生，而且要一直拖到周五才能选定哪个构思最合适。通常，周一交上来的 50 篇初稿中，大概只有 9 篇稿子能胜出。然后，这些记者为了能够赶上周日的出版，就得在有限的时间里拼命地赶稿。时间如此紧迫，根本就没有任何修改稿件的时间，刊载出来的东西，那就可想而知了。

费拉里还表示，他常常听到一些学生们念叨"有一篇论文或是研究项目第二天要交了"。他对此给出的解释是："有哪个导师会让学生们在一两天之内完成一篇优秀的专业论文，或是一个研究项目呢？真相是，这些学生大多有拖延的习惯，他们以为在有限的时间里，自己能够做得最好。"

也许，在很短的时间里完成本来需要更多时间去完成的工作量的事实，会让人产生一种"自信"，可那终究不是长久之计，因为它会不由自主地强化"自己适合高压的工作状态"的心理，而对今后的工作态度产生暗示，让自己的生活和工作变成一个恶性循环。

无论是寻求刺激，还是制造压力，都只是拖延的借口。如果不根除症结所在，就只能在拖延中奋战，在压力和焦虑以及熬夜的恶习中接受折磨。最终的结果，不是工作效率低，就是做事不精细。贪吃的胖子不可能一夜暴瘦，很多事情都要循序渐进地做，稳扎稳打、按部就班，才是可持久的良策。

⑨ 战拖速读导图

错误思维："明天的我"比"现在的我"更出色

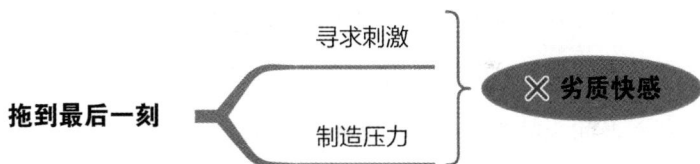

寻求刺激

拖到最后一刻 ← 制造压力 → ✕ 劣质快感

行为表现：慌慌张张地赶进度，难以保证质量

自救指南 13

> 在那远处的阳光中有我的至高期望。
> 我也许不能抵达它们，
> 但是我可以仰望并见到它们的美丽，
> 相信它们，并设法追随它们的引领。
>
> ——路易莎·梅·澳尔科特

阅读丹·希思的著作《瞬变》时，里面的一个案例让我印象深刻。

西弗吉尼亚大学的两位教授曾经思考，如何才能说服人们接受更加健康的饮食方式，提醒人们合理地选择食材，尽可能地减少外食，具体从哪一餐开始控制饮食。能想到的方法有很多，但它们普遍都存在一个问题——执行难度大！

经过几轮头脑风暴后，两位教授把重点放在了牛奶上。他们发现，如果美国人把全脂牛奶替换成脂肪含量低于1%的脱脂牛奶，饮食中饱和脂肪的摄入量很快就可以降到美国农业部建议的数值。可是，具体该怎么做呢？

通常，人们都是家里有什么牛奶就喝什么牛奶，无所谓全脂还是低脂。所以，最简便的问题解决方法就是，改变人们的购买行为！于是，两位教授开始在当地的社区进行专项宣传活动，并检测活动覆盖地区的八家商店，记录牛奶的销售数据。

实验结果显示：经过一系列的活动，低脂牛奶的市场份额大幅度提升！为此，两位教授得出结论：全新的饮食习惯要求越明确，人们接受改变的可能性越大！

我们在现实生活中都遇到过这样的情况：意识到了有些问题需要改变，可不知道该怎么改变，结果就拖着不去改变。丹·希思讲述的这一案例，指出了这一问题发生的原因以及解决策略——没有明确的要求，很难做出改变；想要投入行动，必须指出明晰的目标。

目标不是一句"我想……"

——我想减肥。

——我想学法语。

——我想买一辆车。

——我想带父母去旅行。

请注意，这些"我想……"只是心愿，不是目标！因为它们过于笼统和模糊，没有明确的指向性，没有具体可行的内容，无法为行动提供任何指导，形同虚设。

关于清晰有效的目标，前美国财务顾问协会的总裁刘易斯·沃克是这样诠释的：

"如果你真的希望在山上买一间小屋，你要先找到那座山，我会告诉你那个小屋的价值，然后考虑通货膨胀，算出5年后这栋房子值多少钱；然后，你必须决定，为了实现这一目标你每个月要存多少钱。如果你真的这么做，可能在不久的将来你就能拥有一栋山上的小屋。如果你只是说说，梦想可能就不会实现。"

💡 SMART 原则：你的目标够清晰吗?

制订清晰明确的目标，考验的是一种能力，而不是仅凭心血来潮就能实现。想要克服拖延，指出明确的行动方向，在制订目标时可以参照 SMART 原则：

💡 S（specific）：明确性，不能笼统和抽象

明确性，就是要用具体的语言清楚地说明要达成的行为标准。

【×】我要养成多读书的习惯!

【√】每周读完 1 本书，本周的目标是《思考快与慢》。

⏱ M（measurable）：衡量性，即需要数量化

衡量性，就是目标必须明确，要有一组明确的数据，作为衡量是否达标的依据。

【×】为新员工安排进一步的管理培训。

【√】在一个月内完成对所有新员工关于安全生产主题的培训，课程结束后，评分在 85 分以上为效果理想，评分在 85 分以下为效果不佳。

A（attainable）：可实现性，付出努力就可以实现，目标不可过高或过低，要适度

可实现性，就是通过现有的时间规划和执行力，确保可以实现的目标。

【×】目前体重 150 斤，本月减重 25 斤!

【√】目前体重是 150 斤，本月减重 8~10 斤!

R（realistic）：相关性，与其他目标有相关性

相关性，就是此目标与其他目标的关联情况。如果实现了这个目标，但结果与其他的目标全都不相关或者相关度很低，那么即使这个目标实现了，也没有多大意义。

【×】我是酒店客服，渴望提升工作能力，我打算学习编程。

【√】我是酒店客服，提升英语水平直接关乎着我的服务质量。

T（time bound）：时限性，即完成目标的时间期限

时限性，就是目标设置要有时间限制，预设完成目标所需的时间，并定期核查进度，及时根据情况作出调整。

【×】我准备带父母去旅行。

【√】今年 7 月中旬带父母去大理，上半年我要准备出 3 万元的旅行费用。

现在，请试着把你的目标与"SMART"原则对照，看看它是否清晰明确。

🧠 战拖速读导图

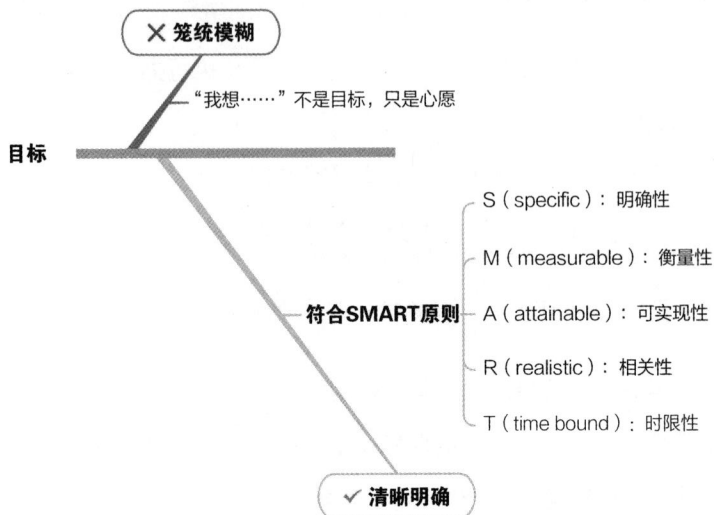

目标

✕ 笼统模糊
— "我想……" 不是目标，只是心愿

符合SMART原则

S（specific）：明确性

M（measurable）：衡量性

A（attainable）：可实现性

R（realistic）：相关性

T（time bound）：时限性

✓ 清晰明确

自救指南　14

不只要有截止日期，还要有行动计划

> 我们做计划是为了确保自己正在做最重要的事情，
> 为了更好地配合他人的工作，
> 对那些突发的事情做出快速的反应。
>
> ——培根

柯勒律治是 19 世纪英国浪漫主义文学的奠基人，有很深的文学造诣。遗憾的是，他是一个有着完美主义倾向的拖延症患者。

柯勒律治经常会出现这样的状况：跟出版商谈成合作后，为了追求创意和灵感，迟迟不肯动笔；好不容易有了素材，又担心不太理想，于是继续寻找……这就导致一部作品经历很长时间却只完成了极少的部分，他的著名作品《忽必烈汗》《克里斯特贝尔》最终都是以残篇（未完成）的形式发表的。你可能难以相信，从这位文豪动笔到作品发布，时间间隔竟然长达二十年之久。

作家莫莉·雷菲布勒在《鸦片的束缚》中，对柯勒律治进行了这样的描述："他的存在变成一长串延绵不断的借口、拖延、谎言、人情债、堕落和失败的经历……"

思考一下：为什么柯勒律治会陷入长期拖延的沼泽中？很大

一部分原因在于，他从来没有给自己的作品设定过一个明确的"截止日期"！没有时间节点，自然就不会有紧迫感。

🎯 最后通牒效应

曾有教育家进行过一个实验，让一个班的小学生阅读一篇课文：实验第一阶段，没有规定时间，让学生自由阅读，结果全班平均用了8分钟才阅读完；实验第二阶段，限定阅读时间为5分钟，结果全班的学生全都不到5分钟就读完了。

对于不需要马上完成的事情，我们总是习惯于到最后期限即将到来时才去努力完成，这也被称为"最后通牒效应"。这个实验提示我们：给事情设定一个基本的期限，可以随时随地提醒、促进、激励自己的行动力，提升做事效率。如果可以，不妨在合理的范围内把截止日期适当提前，但不要设定得太靠前，避免给心理造成巨大的压力，并由于时间太短而难以高质量地完成任务，导致内心受挫。

现在，有了清晰的目标，有了截止日期，是不是就可以顺利推进了呢？

答案是，没那么简单，也没那么容易。

通常来说，能被称为目标的事件，都不是短期内可完成的。这些目标就像是一块难啃的骨头，而我们又有趋乐避苦的本能，一旦感觉这块骨头太难啃、耗费时间太长，就会心生畏惧、抗拒行动；在有时间限定的情况下，焦虑感也会更加强烈。

怎么解决这一问题呢？我们可以借鉴歌德的一句忠告："只是向着某一天终要达到的那个目标迈步还不够，还要把每一步都看成一个目标，使它作为一个步骤而起作用。"

制订计划＝拆解目标

如果目标是一个运转自如的机器，计划就是它身上各种细微精确的零件，正是这一个个小零件让笨拙的机器灵活地运作起来。制订计划的实质，就是将大目标分解成较容易完成的小任务，具体到每月、每周乃至每天，待每一个小任务实现了，最终的大目标也就完成了。

假设，你设定的大目标是 6 个月减重 20kg！那么，在制订减重计划时，你需要对这个大目标进行拆解，即每个月减重2.5kg！如果再具体一点，还可以把减重 2.5kg 的目标拆分到 4周，每周减掉 0.625kg！接下来，再制订每周／每天的饮食计划和运动计划。

需要说明的是：在执行小任务的过程中，不要用终极的大目标来"吓唬"自己，也不要过分关注"距离大目标还有多远"，要专注于眼前所做的事，认真执行，感受完成它的喜悦，然后继续投入下一个小任务中。

战拖速读导图

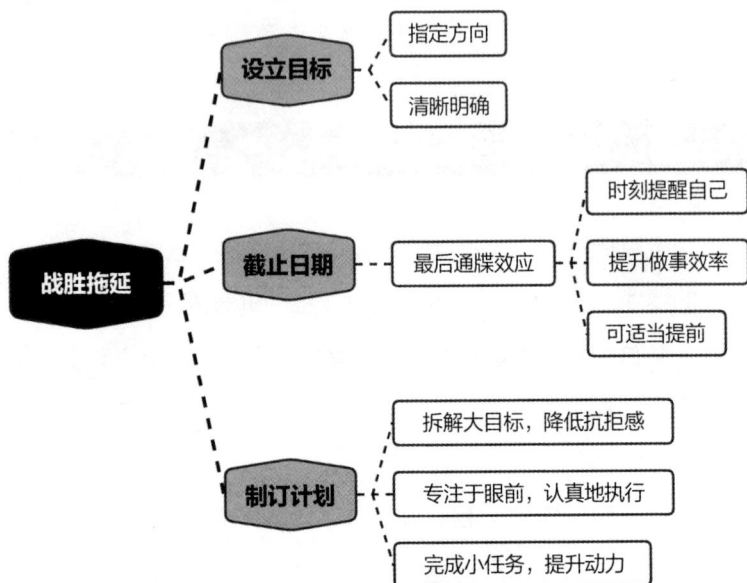

战胜拖延
- 设立目标
  - 指定方向
  - 清晰明确
- 截止日期
  - 最后通牒效应
    - 时刻提醒自己
    - 提升做事效率
    - 可适当提前
- 制订计划
  - 拆解大目标，降低抗拒感
  - 专注于眼前，认真地执行
  - 完成小任务，提升动力

自救指南 15

灵动地管理好"计划外"的事件

> 再完美的计划，也经常遭遇不测。
> 生活并不是笔直通畅的走廊，能让我们轻松自在地在其中旅行，
> 生活是一座迷宫，我们必须从中找到自己的出路，
> 我们时常会陷入迷茫，在死胡同中搜寻。

——斯宾塞·约翰逊

在着手处理新项目之前，晓海认真地制订了计划，每个阶段该做什么，都安排得井井有序。他对自己的计划性颇为满意，想象着完成项目时的情景，内心荡起美妙的涟漪。

晓海开始按部就班地执行计划，可才过了一周，就被现实冷不防地甩了一巴掌："在我状态正好的时候，没想到突然被领导安排出差四天。我不想中断计划，可是出差的事情又推不掉，心里除了郁闷还是郁闷。"

当我们制订好某一计划且已投入行动中时，最讨厌的就是因其他问题中断计划，陷入被动的状态。但我们又不得不接受一个事实：人具有社会属性，而社会是一个流动的、变化的群体，"计划外"的事情对每个人来说都是不可避免的。

🔧 应对"计划外"事件的自救指南

🕐 自救指南 1：调整对"计划外"事件的认知

想要管理好计划外的事情，先得接纳计划外的存在。之所以被称为"计划外"，只是因为它的突发性导致我们无法将其列入具体的计划清单。为此，我们需要调整对它的认知，接受它的存在是一种常态，不将其列为"计划外"。这样的话，面对它们的突然来袭，就不会产生太过强烈的排斥感。

🕐 自救指南 2：制订计划时预留空白

一旦我们意识到计划外事件是难以避免的，就可以采取提前预防的措施。在制订计划时量力而行，给突发事件留一点余地，保证自己有足够的精力和时间去应对它。预留出的空白，可以让我们在遇到不确定的变化时，更从容地处理。

🕐 自救指南 3：灵动地调整原计划

计划本就是为了应对各种任务而制订的，既然工作任务发生了改变，计划跟着变就是必然的选择。我们需要做的是根据任务的变化、时间的变化进行调整，充分发挥自身的灵活性与能动性，而不是刻板地抱着既定计划不放。

我们可以从三个方面对"计划外"事件进行合理的认识与评估：

1. 如果不处理或延迟处理"计划外"事件会怎样？

2. 有没有合适的人能够代替我处理这件事情？

3. 如果只是需要我适当参与，那么我若不参与，这件事能否得到妥善的解决？

所有计划外的事件都可以参照上述三点来进行评估。如果可以不参与、可以不处理，或是能找到合适的替代人选，那就不必亲自去做，时间和精力要用在最重要的事情上。如果评估过后，发现这件事对你而言至关重要，那就要认真对待，根据事件的缓急程度将其纳入任务管理清单中。如果十分紧急，那就要放下其他工作，全力以赴地去解决。

缓解心理困扰的自救指南

有时，发生了一件或多件"计划外"的事情，会让我们一天、一周乃至一个月的计划都被打乱。陷入这样的状况中时，很多人都不免会感到沮丧无力，甚至衍生出消极对待工作的态度。陷入负性情绪中，无益于解决问题，只会降低思考力与行动力。所以，在处理计划外事件时，我们需要借助一些方法，帮助自己调整心理状态。

自救指南1：充分利用各种资源为自己节省时间

当计划外事件发生时，一些琐碎的、具体的、不重要的事情，可以委托给电脑、家政公司、快递员来处理，你来督促整个过程的进展就可以。信息时代，电子产品和各类外包服务为我们的生活提供了很多便利，电脑和手机也能用来处理各类资料，完成在线会议，要学会充分利用。

🕵 自救指南 2：挖掘出"计划外"事件背后的积极意义

当我们对计划外事件感到排斥时，很难理性而有效地解决它。要想把它纳入计划中，需要事先做好心理建设，挖掘出这件事背后的积极意义。比如，原计划负责的项目，临时被替换了，而新项目又是你不熟悉的。这个时候，你可以选择抱怨，也可以选择把它当成一个扩展能力的机会，为今后的事业积累更多的经验和资本。

🧠 战拖速读导图

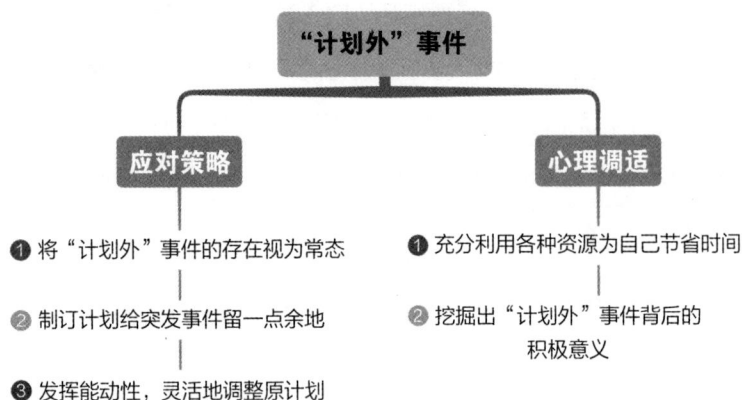

```
                    "计划外"事件
              ┌───────────────────┴───────────────────┐
          应对策略                              心理调适
 ❶ 将"计划外"事件的存在视为常态      ❶ 充分利用各种资源为自己节省时间

 ❷ 制订计划给突发事件留一点余地      ❷ 挖掘出"计划外"事件背后的
                                           积极意义
 ❸ 发挥能动性，灵活地调整原计划
```

自救指南 16

设置合理的期望值，给自己希望和动力

> 如果不学会改变，我们就不会成长；
> 如果我们不能成长，就不算是真正地活着。
>
> ——盖尔·希伊

第一次见到海伦时，她看起来特别憔悴，情绪也很消沉。

海伦从德国留学归来后，进入一家科技公司就职，福利待遇都不错。不过，海伦只在那里工作了三年，之后就放弃了高薪的职位，尝试自主创业。置身于商界，面对残酷的竞争，九死一生的情况应验了，海伦创业失败了。

这件事情的发生，重重地打击了海伦。她整个人开始变得消极、颓废，每天都沉浸在自责与痛苦中，怪自己太莽撞。公司经营不下去，遣散员工要给予补偿，处理完相应的事宜，账户已是亏空状态，她自己的积蓄也搭进去了一大半。

生活还要继续，可是海伦打不起精神，在渴望求生与痛苦无力的裹挟下，她来到了我的心理咨询室。在接触中我发现，海伦的内心存在着一个冲突：为了生存想去求职，可是一般的职位她

看不上，而高一点的职位又担心自己做不来。为此，她就一直拖延着求职的事。

经过一段时间的交流互动，海伦的情绪状态有了好转，更值得欣慰的是她意识到了自己创业失败、求职行动受阻的根源——眼高手低。之后，她选择降低自己的期望值，先找一份自己擅长的、能够驾驭的工作安定下来，慢慢成长、积累经验，蓄势待发。

期望效应

1964 年，北美著名心理学家维克托·弗鲁姆提出了一个"期望效应"：人们之所以能够从事某项工作，并愿意高效率地去完成这项工作，是因为这些工作和组织目标会帮助我们达到自己的目标，并满足自己某方面的需求。

有人希望在职场上晋升加薪，所以尽心尽力地工作；有人希望保持健康的身体，所以坚持每天运动打卡；有人希望拿到全勤奖金，所以连续一个月都没有迟到……这些人之所以不拖延、不抗拒，正是因为他们心存期待，这份期待消除了他们在工作和生活中的消极情绪与各种心理不适，并激发了其内在对所做之事的热爱，从而自主自愿地做好该做的事。

有期望就会有动力，那么，是不是期望越大，动力就越强呢？

海伦的经历告诉我们，答案并非如此。弗鲁姆指出，某一活动对某人的激励力量，取决于他所能得到结果的全部预期价值乘以他认为能够达成结果的期望概率。

M（激励力量）= V（目标效价）× E（期望值）。

当一个人有需要并且能够通过努力满足这种需要时，其行为的积极性才会被激活。如果期望过高，就很难达到所期望的结果，那么期望带来的激励效果也会大打折扣。只有期望值适度，才能有效地调动积极性，激发出内在的潜能。

合理的期望值

设置期望值有助于更好地实现目标，那么合理的期望值是什么样的呢？

要素1：不要脱离现实

一切脱离实际的理论都是空谈，在设定期望值的时候也要基于现实。不切实际的念头不是"期望值"，而是漫无边际的臆想。

要素2：略高于自己的实际水平

设置期望值时，要比自身的实际水平略高一点。向这一"期望"靠近的过程，恰恰是我们成长的过程，即便最后达不到期望值的水平，结果也不会太差。

要素3：有自己的独特性

每个人的人生道路不尽相同，期望所涵盖的内容也包罗万象，所以在设置期望值的时候要结合自己的实际情况而定，不从众、不跟风。这一路也许风雨兼程，但请你始终保持可贵的清醒，一切以客观现实为基础，最终成为那个"手可摘星辰"的人。

⊙ 战拖速读导图

期望效应

> M（激励力量）=V（目标效价）×E（期望值）

> 人们之所以愿意高效地完成一件事，是因为这件事能够帮自己达成目标，满足自己某方面的需求

> 如果期望过高，难以企及，激励效果会大打折扣

> 设置合理的期望值，才能有效地调动积极性
>
> - 不脱离现实
> - 略高于自身实际水平
> - 有自己的独特性

自救指南 17

> 我应该活着，就像今天是最后一天那样地活着，
> 把每一天都当成最后一天，
> 立刻做必须要做的事情，不要再拖拖拉拉。
>
> ——《羊皮卷》

苏怡平时很喜欢跑步，也很享受跑步带来的酣畅淋漓之感，以及运动后的神清气爽。所以，当附近的工业园区里开设了健身房后，她立刻就给自己办了一张年卡。

尽管苏怡对运动这件事情存在积极的意愿，可她并没有避开拖延的处境。刚办完卡的第一个月，她还能坚持每周去 4~5 次，可从第二个月开始，她去健身房的次数明显减少了。

是三分钟热度吗？也许有人会这样想，但这并不是问题的根源。真正的问题在于，去健身房之前要准备一系列的东西，且苏怡从家里到健身房有 2 公里的距离，公交车又不便利，有时需要等好一会儿。一想到这些"麻烦事"，苏怡的热情就被浇灭了一半，呆坐在沙发上反复纠结：到底是去，还是不去？

💡 准备工作的难易程度会影响行动的意愿

运动是苏怡喜欢的，运动后的畅快感也是苏怡渴望的，为什么想要做一件事的意愿如此强烈，还是会拖延呢？原因就在于：开始任何一项活动之前，都需要进行准备工作，只有激活能量迈过这一"入门障碍"，才可能真正地投入行动中。哪怕这项任务和活动是我们喜欢的，如果迈不过这道"门槛儿"，拖延还是会发生。

所以，面对一项要完成的任务或活动时，我们不能只想到"活动本身"和"活动结果"，还要考虑到"活动准备"，因为准备工作具有消耗性，且经常会成为阻碍行动开始的巨石。如果我们对这项活动原本就存在厌恶情绪，只是想要享受做这件事带来的好结果，比如"讨厌运动，只想通过运动获得好身材"，那么在遇到"要准备好多东西、要搭乘公交车才能抵达健身房"的入门障碍时，行动就会变得更加艰难！

我们可以想象一下：假设健身房就在苏怡家的楼下，她还会为"出门"发憷吗？行动这件事就会变得简单——拿起东西就下楼，执行起来非常容易。

💡 简化行动前的准备工作

开始一项活动是否会让我们感到快乐，取决于准备阶段需要付出的努力程度。

如果不用付出太多努力就能做到，则可以提升行动的意愿；反之，即便是愿意做，也有能力做，也会因为准备工作太复杂、太辛苦，而让行动化为泡影。

对于苏怡来说，她可以适当"简化"一下去健身房之前的准备工作：

提前一天把健身需要的物品整理好，力求做到拿起东西就可以出门。

改变出行方式，把搭乘公交换成骑单车，既可以作为热身运动，还掌握了主动权。

如果这些调整，能够让苏怡感觉"行动变得简单"了，那就说明方法对她是奏效的。倘若她还是感觉去健身房比较"麻烦"，也可以考虑转让健身卡，回归以往的运动方式，如晨跑或夜跑，跳健身操或跳绳，或者购置一些健身器材，更进一步简化准备工作。

说白了，去健身房不过是完成运动的一个场所或途径，而苏怡要关注的重点不是在哪儿运动，而是怎样以最适合自己的方式完成运动，保持运动的习惯。

回顾一下：你是否存在因为准备工作过于烦琐而产生了拖延的情况？如果有的话，你也可以尝试根据自身的实际情况做一些调整，简化行动前的准备工作。

🧠 战拖速读导图

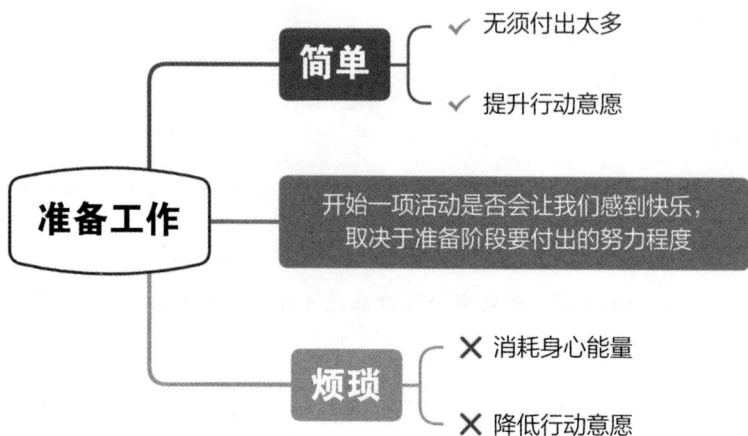

```
                              ┌── ✓ 无须付出太多
                    ┌─ 简单 ──┤
                    │         └── ✓ 提升行动意愿
                    │
  ┌───────────┐     │    ┌────────────────────────────────┐
  │  准备工作  │─────┼────│ 开始一项活动是否会让我们感到快乐, │
  └───────────┘     │    │ 取决于准备阶段要付出的努力程度     │
                    │    └────────────────────────────────┘
                    │
                    │         ┌── ✗ 消耗身心能量
                    └─ 烦琐 ──┤
                              └── ✗ 降低行动意愿
```

自救指南 18

努力地控制想法，不如调整一下环境

> 不要让环境控制你，你应该去改变环境。
>
> ——成龙

凯文迷上了一款手机游戏，经常拖延入睡时间，这种作息方式严重影响了他的精神状态，导致他第二天总是昏昏沉沉，无法精力充沛地投入工作。上班时，他懊悔不已，发誓要改。可下班回到家，他就"好了伤疤忘了疼"。他半开玩笑地问我："你说，我还有救吗？"

在前一节的内容中我们提到，当完成一项活动的准备工作变得复杂时，就会降低行动的意愿。对于重要的、有益的活动，我们需要简化准备工作，让行动变得容易一些。同理，对于无益的活动，我们也可以把准备工作变得复杂一点，让行动不再唾手可得，这样也可以缓解因沉浸于无益活动而导致的拖延问题。

事实证明，这一招"拯救"了凯文，他给玩游戏这一活动主动设置了"入门障碍"：

障碍 1：这一次玩过这款游戏后，将 APP 卸载。

障碍 2：睡前把手机锁进抽屉，或放置在客厅。

当手机不再唾手可得，或打开手机后无法立刻进入游戏时，就为玩游戏这项活动增加了行动阻力——凯文必须离开舒适的床，去客厅寻找手机，再重新下载游戏。想到这一系列的操作，凯文有时就会因为懒得动、懒得等而选择放弃。这个时候，他再想起自己渴望早睡、保证精力充沛的积极意愿，又会进一步减弱玩游戏的冲动。

操控环境 > 控制想法

当我们通过操控环境，让一项活动的开始需要耗费更多的时间和力气时，我们就会去考虑是不是真的要做这件事，以及如果做了的话，结果会怎样。这样一来，就增加了拖延的概率。如果一件事随手可做，往往就没有时间去思考结果，而是直接行动了。

通过控制想法来促进行动，阻碍和难度是很大的，毕竟有时我们的意愿是好的，但享受即时快感的本能却让我们"身不由己"。相比之下，刻意对外部环境做一些调整，通过操控环境来改变做一件事情的意愿，效果会更好。

如果你想投入某项活动中，可以让这项活动变得简单易开始，让活动过程变得更有趣，或是让活动结果变得更有益；如果你不想投入一项活动中，可以让这项活动的启动机制变得复杂一点，或是让活动过程变得没那么有趣，或是让这项活动的结果变得不那么吸引人。

💡 改变活动本身的体验

鲁克想改掉吃零食的习惯，又总是无法拒绝零食的诱惑，特别是周末宅家时，总忍不住想吃点儿东西。让他完全戒掉零食，又不太现实，怎么办？

强制性戒掉零食是不太现实的，毕竟我们的意志力没有我们想象中那么强大，也很容易失败，继而出现报复性进食。我给鲁克的建议是：为自己准备一些热量较低、相对健康的小包装零食放在家里，想吃的时候吃一包。由于这些食物的味道比较寡淡，吃零食这项活动的体验就会变得不那么快乐，他就会很难吃太多。

💡 利用承诺机制增强动力

朱莉原本计划每个月减重 3 公斤，可她总是因为缺乏动力而无法达标，该怎么解决呢？

我建议朱莉与志同道合的"减肥队友"来一场赌注，各自设置一个减重目标（如原体重的 5%~8%），没有完成任务的一方，要给对方 200 元的红包！有了这一奖惩机制，朱莉的减重动力，的确比之前变强了。

上述的奖惩措施，其实是一种承诺机制，它会限制我们的选择，让理性思维（即知道自己该做什么，且有相应行动的意识）重新回归主导地位，让非理性思维退后一步。当然，朱莉也可以选择拖着不做，但她要掂量一下拖延的代价，就是和队友设定的 200 元红包。

承诺机制中，之所以要设定"赌注金额"，是因为人们都有"损失厌恶"的心理：即人们在面对同样数量的收益和损失时，认为损失更难以忍受。

总而言之，我不建议通过自我意志来压抑潜意识冲动，这样并不能收获良好的效果，甚至还会产生更多的焦虑。与其这样为难自己，不如想办法在环境上做一些刻意的调整，哪怕只是微调，都可能会让那些无益的冲动消除。记住这一要点，对应付拖延有极大的帮助。

🧠 战拖速读导图

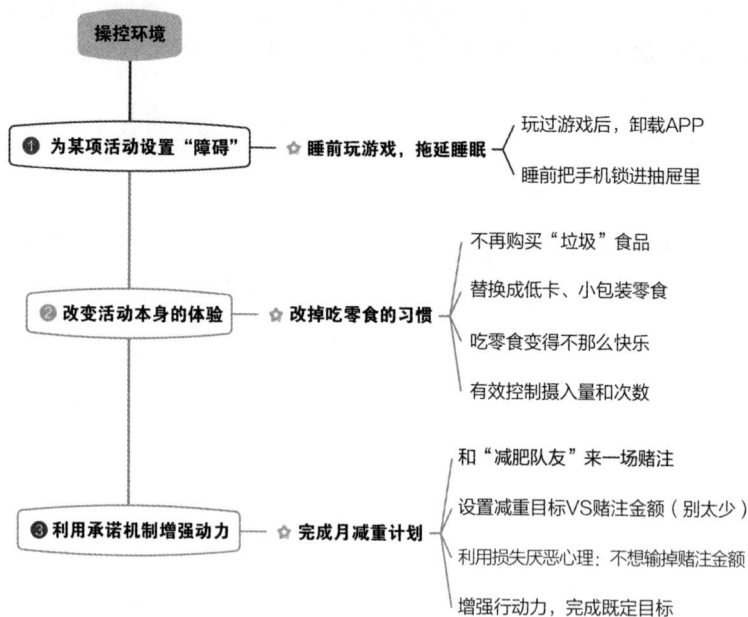

```
                        操控环境
                           │
① 为某项活动设置"障碍" ── ☆ 睡前玩游戏，拖延睡眠 ── 玩过游戏后，卸载APP
                           │                      睡前把手机锁进抽屉里
                           │
                           │                      不再购买"垃圾"食品
② 改变活动本身的体验 ── ☆ 改掉吃零食的习惯 ──── 替换成低卡、小包装零食
                           │                      吃零食变得不那么快乐
                           │                      有效控制摄入量和次数
                           │
                           │                      和"减肥队友"来一场赌注
③ 利用承诺机制增强动力 ── ☆ 完成月减重计划 ──── 设置减重目标VS赌注金额（别太少）
                                                 利用损失厌恶心理：不想输掉赌注金额
                                                 增强行动力，完成既定目标
```

自救指南　19

> 当你想改变你人生中的任何一个领域时，
> 都有一个不得不面对的事实，
> 那就是你永远不会感觉想去做。
>
> ——梅尔·罗宾斯

国际畅销书作家梅尔·罗宾斯，曾面临人生的四面楚歌：事业陷入瓶颈，婚姻亮起红灯，丈夫几近破产。当时的生活太过艰难，心灰意冷的她，对任何事都丧失了兴致，以至于每天起床时，都要经历一场自我斗争。

直到有一天，她看到了 NASA（美国联邦政府的一个政府机构，负责美国的太空计划）发射火箭，当倒数计时 5、4、3、2、1 时，她忽然受到了启发，心想："明天我要按时起床，像火箭一样发射，在 5 秒钟之内坐起来，这样我就没有时间反复纠结了。"

令人激动的是，梅尔·罗宾斯真的做到了。

尝试了数次后，她发现成功克服赖床就像一个启动机制，让自己的生活和工作都发生了微妙的变化，因行动力不足导致的各种问题逐一获得了改善。她从一个颓废的重度拖延症患者，逐渐成为一个有行动力的人。

后来，梅尔·罗宾斯尝试把自己的经验分享给他人，还登上了 TED 的演讲舞台。她亲身证明了"5 秒法则"是行动心法，是甩开拖延惯性的"发起仪式"，这种心理干预策略能让人从空想中抽离，克服拖延，夺回对自己的控制权。

在没有深入研究拖延问题之前，我也和多数人的想法一样，认为改变的发生应该是这样的顺序：分析→思考→改变。然而，在遇到拖延的情境时，我们就会感受到，越是分析、思考、琢磨，越不容易做出有利于改变的行动。

当我们满脑子都在纠结"要不要去做""做了会怎么样""不会做怎么样"时，我们往往是不愿意动的，哪怕知道做一件有益的事情可以给自己带来有益的结果，可是眼下坐在这里的舒适状态，实在令人难以舍弃和脱离。

情 VS 理的对决

心理学家乔纳森·海特在《象与骑象人》中说："我们的心理，有一半正如一头桀骜不驯的大象，另一半则像是坐在大象背上的骑象人。"

我们的情感面是一头大象，它很简单，不考虑对与错，只考虑喜欢和不喜欢。感觉舒服的、喜欢的就去做，感觉不舒服的、不喜欢的就尽量摆脱。

我们的理智面是骑象人，他骑在大象的背上，手里握着缰绳，思考着对与错，经常理性地引导大象走在更长远的道路上，只是他对大象的控制水平不太稳定，时好时坏。

拖延进程中的"纠结"，就是大象与骑象人对于前进的方向产生了分歧。当情与理对决时，骑象人总是无奈地败下阵来。毕竟，跟六吨重的大象比起来，他显得太微不足道。

💡 越过"感受"直接行动

梅尔·罗宾斯在 TED 演讲中提到过："当你想改变你人生中的任何一个领域时，都有一个不得不面对的事实，那就是你永远不会感觉想去做。"

大象永远不会感觉想去做一件事，它喜欢留在舒适的区域，并告诉自己说："这样挺好。"即使得不到最想要的那个东西它也会安慰自己说："没有它也没什么关系。"

梅尔·罗宾斯提倡的"5秒钟法则"，切断了"纠结犹豫"的线路，在有了达成某个目标的行动直觉时，直接制造一个"发起仪式"——倒数计时：5、4、3、2、1。它的出现会刺激大脑的前额皮质——负责行动和注意力的部分，促使我们做出行动。

之前，我想在跑步机上进行5公里的有氧跑，但我通常不会立刻去做，因为我的脑子里会涌现出各种乱七八糟的想法：晚点再跑行不行？我能不能坚持下来？5公里真是挺累的！然后，我就可能会把这件事往后拖，甚至放弃当天的跑步训练，并安慰自己说"休息一下也无妨"。

在跑步这件事上，"我的需求"是通过运动维持健康，但这份需求和行动之间不是直接关联的，中间还隔着一层"我的感受"。对于这一情形，我就可以利用"5秒钟法则"：在需求产生的那一刻，倒数计时5、4、3、2、1，直接踏上跑步机，感受的过程被省略了，需求与行动被直接关联起来。

其实，需求与行动之间的关系很简单，借助行动满足需求。只不过，在没有形成习惯之前，我们每做一件事情，大脑都需要反复思考，待消耗了意志精力后，才能够做成一件事。当我们长期借助"5秒钟法则"省去"思考"步骤，直接去行动，最后就会将其变成一种自发模式。这个时候，就用不着调动意志力去执行了。

战拖速读导图

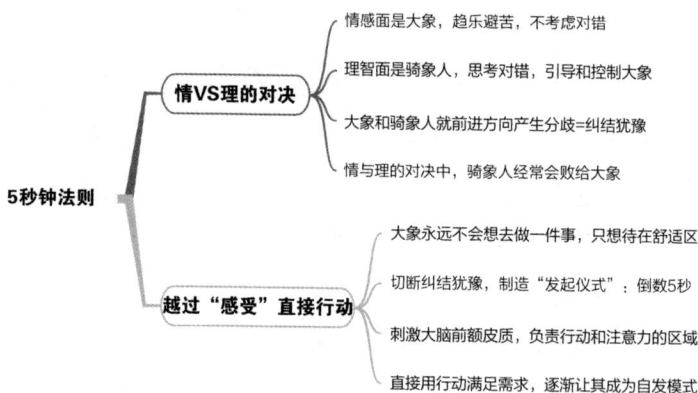

```
                        ┌─ 情感面是大象，趋乐避苦，不考虑对错
                        │
            ┌─ 情VS理的对决 ┤─ 理智面是骑象人，思考对错，引导和控制大象
            │           │
            │           ├─ 大象和骑象人就前进方向产生分歧=纠结犹豫
            │           │
            │           └─ 情与理的对决中，骑象人经常会败给大象
  5秒钟法则 ─┤
            │                      ┌─ 大象永远不会想去做一件事，只想待在舒适区
            │                      │
            └─ 越过"感受"直接行动 ┤─ 切断纠结犹豫，制造"发起仪式"：倒数5秒
                                   │
                                   ├─ 刺激大脑前额皮质，负责行动和注意力的区域
                                   │
                                   └─ 直接用行动满足需求，逐渐让其成为自发模式
```

自救指南 20

相信习惯的力量，而不是指望意志力

> 习惯真是一种顽强而巨大的力量，它可以主宰人生。
> 人自幼就应该通过完美的教育，去建立一种良好的习惯。
>
> ——培根

晓莜信誓旦旦地给自己立下了一页纸的目标，以及详细的日清单，决意要开始实践高度自律的人生。在此之前，她读了不少有关"自律"的文章，深受触动。在她看来，所有的不理想，都是因为不够自律；仿佛只要足够自律，一切都可以焕然一新。

起初，晓莜执行得还不错，虽然有些不适应和疲倦，但还是咬牙坚持了下来。她说："自律没有那么容易，要让自己慢慢适应。"可惜，事实并不像晓莜预想得那么容易，按照高度自律的节奏"死扛"了一个月之后，晓莜不仅没有感受到"蜕变的美好"，而且整个人的精神状态和生活质量也开始走下坡路。

一个月之后，晓莜很疲倦，早晨不想起床，晚上睡不着觉；不管饿不饿，高糖高热量的食物不停地往嘴里送，好像是在弥补过去一个月的亏欠；她在单位里无精打采，不愿跟任何人讲话。

当她提到了这些症状时，我邀请她做了心理量表测试，结果显示：晓莜已经出现了抑郁情绪。

原本是希望开启更美好的人生，最后却把自己逼到了崩溃的边缘，为什么晓莜的自律会换来这样的结局？错的不是自律，而是实现自律的方式，这是决定自律效果与持久度的关键。

自律有低级和高级之分

低级的自律：靠强迫和压抑欲望来实现

低级自律的人借助各种方法与欲望、诱惑进行斗争，强迫自己把更多的时间和精力专注在清单列表的计划事项上。结果，生活里只剩下了"任务"，每一项都很重要，为了完成它们不断地给自己加压，精神上的弦越绷越紧，直到无力承受而绷断。

高级的自律：不带任何强迫，都是习惯使然

我与张老师认识多年，她在某大学担任研究生导师，平日工作很忙。然而，无论春秋冬夏，她每天都是六点钟起床，完成 5 公里的慢跑；无论多么好吃的饭菜，都只吃七分饱。不知情者总是感叹张老师真是自律！不过，张老师自己并不觉得，在她看来这些事就和刷牙洗脸一样，根本不需要刻意要求自己去做，到了那个时间点儿，自动地就去做了。

🔋 依靠意志力，不如依靠习惯

无论是坚持做一件事，还是拖延不去做一件事，人们第一时间都会想到"意志力"这个词。意志力真有那么强大吗？对比晓莜和张老师的不同状态，我们应该已经认识到了一个事实：沉浸在煎熬与强迫的状态中，完全靠抑制欲望来实现自律，是很难坚持下去的。

相关研究机构的实验表明：人类行为只有 5% 是受自我意识支配的，有 95% 的行为都是自动反应，或是对于某种需求或紧急状况的应激反应！真正持久的、高级的自律，是有意识地去形成固定程序，养成做某事的习惯。如此的话，即使是在意志力薄弱的情况下，仍然可以按部就班追求长期目标。

🔋 如何养成仪式习惯？

🐾 自救指南 1：不要贪多，一次执行一个重要的改变

在养成仪式习惯时，切忌一次性设定太多的改变，这样容易导致计划失败，并给自己带来情绪压力。习惯的养成是缓慢的，每次全身心地投入一个重大的改变中，把这一正向的行为固定下来，待其变成自然而然的习惯后，再着力进行其他的改变。

🐾 自救指南 2：同一时间，同一地点，做同一件事

心理学家认为，塑造意图可以大大提升完成任何活动的概率。

当一个明晰的意图出现后，大脑的边缘系统就会调整到"想做就做"的状态，省略掉反复思考的过程，直接采取行动。

我给自己设置了一个固定的仪式：每天8点半在开始工作、进入书房之前为自己煮一杯咖啡，这可以给我带来"预见性"——要开始工作了。你也可以尝试给自己设置一个固定流程，比如：每周六早上9点钟，给家里进行一次大扫除；每周日下午2点钟去逛书店，时间2小时；每周五晚上7点钟游泳，时间1小时。

🕐 自救指南3：不随意改变流程，在重复中强化

做一件事的固定流程，需要不断地重复才能强化并保留下来，每暂停一次习惯就会被削弱一点，下一次再坚持会更难。当我们试图找借口逃避行动，或因客观原因无法完成预定任务时，有效的处理方法是——不破坏规则，适当调整任务量。

比如，你设定的目标是每天慢跑3公里，但在执行到第4天的时候，你感觉有些累，不想跑了。此时，你可以尝试把任务调整成"快走3公里"或"慢跑2公里"，降低任务的难度，维持这个固定流程。

🕐 自救指南4：提供直觉证据，见证自己的努力

詹姆斯·克利尔在《掌控习惯》中说："视觉提示是我们行为的最大催化剂。出于这个理由，你所看到的细微变化会导致你行为上的重大转变。"

在养成仪式习惯的过程中，我们要为自己付出的努力提供视

觉证据。比如，你想养成健康饮食的习惯，那不妨利用可记录食物热量的 APP，直观地看到每一餐的热量摄入，清晰地了解自己每天的摄入量是否超标，营养是否均衡。

🔖 自救指南 5：设立反馈机制，阶段性地奖励自己

有时我们不想做一件事，是因为无法立刻看到明显的效果。不过，没有看到进展，不代表没有进展，从量变到质变需要时间。所以，我们需要设立反馈机制，及时地奖励自己。这样做的好处在于：让我们不再过分关注结果，转而去享受追求结果的过程，当某一行为与愉悦感建立条件反射后，这个行为就更容易延续下去。

养成习惯是一个循序渐进的过程，需要慢慢来、持续走，从小目标开始，伴随着愉悦感与成就感前进，最终使其成为一种自发的行动，来抵消主观意愿与自制力的局限。

🧠 战拖速读导图

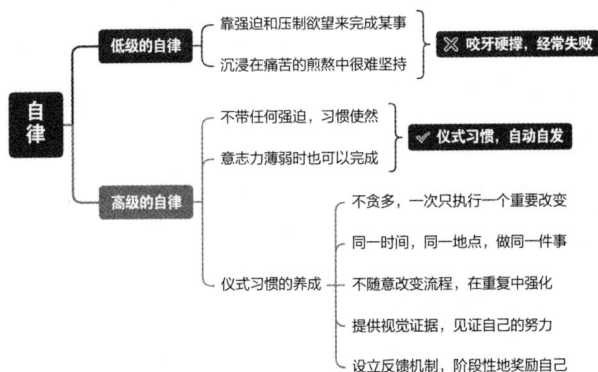

自律
- 低级的自律
  - 靠强迫和压制欲望来完成某事
  - 沉浸在痛苦的煎熬中很难坚持
  - ❌ 咬牙硬撑，经常失败
- 高级的自律
  - 不带任何强迫，习惯使然
  - 意志力薄弱时也可以完成
  - ✔ 仪式习惯，自动自发
  - 仪式习惯的养成
    - 不贪多，一次只执行一个重要改变
    - 同一时间，同一地点，做同一件事
    - 不随意改变流程，在重复中强化
    - 提供视觉证据，见证自己的努力
    - 设立反馈机制，阶段性地奖励自己

自救指南 21

学会鼓励自己，先做 5 分钟试试

> 如果你希望女儿每晚做两个小时的功课，
> 就不应该一直等孩子自动自觉写完作业后才给她赞美和鼓励。
>
> ——艾伦·卡兹丁

女儿从一年级开始正式练习硬笔书法，对于完全没有写字基础的她来说，每天要认真书写四行字（共 40 个），着实是一项艰巨的任务。所以，她总是把这件事往后拖，要么望着字帖本叹气，要么就摆弄文具，很难进入状态。

我可以理解，对 6 岁的孩子来说，要一笔一画地练习，不能敷衍了事，确实挺难受的。为了削弱女儿的畏难情绪，我建议她说："你可以先试着写 2 个字，我看着你写。"等她写完了，我又及时鼓励一句："写得很好啊，也挺快的。"然后，她会继续写，很快就完成了一行。这个时候，她的抵触情绪已经减轻了一半，也逐渐进入状态了。

偶尔，我也会建议她竖着写，把四个字各写一遍。这种变换顺序的方式，可以让单调的任务变得灵动一点，制造新鲜感。慢慢地，女儿也掌握了类似的技巧。有一天，她对我说："每一行有 10 个字，相当于有 10 个小怪兽，每写完一个，我就打败了一个怪兽。"

迈出微小的一步，打造早期的成功

任何一项令人厌烦的事务，最棘手的部分往往在开始的几分钟，恰恰是这几分钟造成了行动障碍。一旦真的开始做了，我们就会发现没有想象中那么难。对孩子来说，"完成四行书法"是一件困难的事，而"试着写 2 个字"是一个微小的任务，只需要调动很少的资源就可以完成。可就是这"2 个字"，成功地让她终止了拖延的状态，迈开了行动的脚步。

就那些推迟的事件而言，最远的距离往往不是从 1~10，而是从 0~1！为此，我们需要设置一个微小的任务，看见"0 变成 1"，体验到有所进展的感觉，就有了继续前行的动力；打造早期的成功，就是在打造希望。

5 分钟房间拯救行动

宽敞明亮、一尘不染的房间，无疑令人感到舒适；但收拾整理的过程，却令人倍感辛苦。要是一段时间都没有进行打扫，看见房间里的杂物越来越多，衣服胡乱地堆砌在柜子里，厨房的灶台面污迹斑斑，透明橱窗的架子上落了厚厚的灰尘，不免会感到"头大"，不知道该从哪儿下手，要花费多大力气，才能把房间彻底打扫干净。

面对这一常见的生活烦恼，家务达人马拉·西利提出了"5分钟房间拯救行动"：

拿出计时器，定时5分钟。

来到最脏最乱的房间，按下计时器，开始收拾。

定时器一响，立马停工。

是不是很简单？可别小看这简单的5分钟，这与要求孩子"只写2个字"的效用是一样的，相当于一个小里程碑。我们都知道，收拾5分钟不会有大的变化，但这并不重要，重要的是我们成功跳出拖延的状态了！毕竟，开始一项不喜欢的活动，永远比继续做下去要难。

做完5分钟会怎样呢？

我们会惊喜地发现，原来收拾这个房间也没有那么困难。这个行动"触发扳机"，让我们迅速地感受到了进展，削弱了行动的阻力。这个时候，让我们停下来不做，反倒有点儿不乐意呢！记住这句话：要让不情愿的自己从拖延的状态中跳出来，缩小改变的幅度是关键。

🧠 战拖速读导图

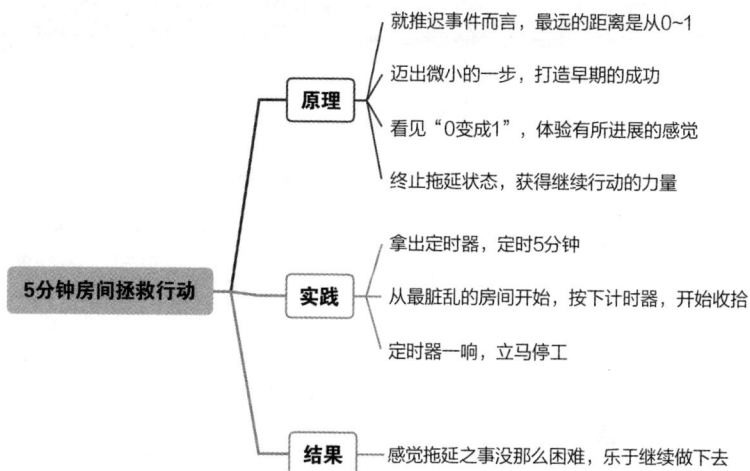

5分钟房间拯救行动

原理
- 就推迟事件而言，最远的距离是从0~1
- 迈出微小的一步，打造早期的成功
- 看见"0变成1"，体验有所进展的感觉
- 终止拖延状态，获得继续行动的力量

实践
- 拿出定时器，定时5分钟
- 从最脏乱的房间开始，按下计时器，开始收拾
- 定时器一响，立马停工

结果
- 感觉拖延之事没那么困难，乐于继续做下去

自救指南 22

躲不开乏味的事，就想办法让它不太乏味

> 我们的生活，
> 就是由我们的思想创造的。
>
> ——马可·奥勒留

从进入咨询室里开始，林霄就开始倾倒苦水，他似乎憋闷了太久。

"每天的工作就是打回访电话，我真的烦了！"

"遇到一些挑剔的客户，简直就把我当成了箭靶子！"

"每天早8晚8，两点一线，生活像一潭死水。"

"我很拼命，很努力了，可我的银行卡里连5位数都没见过。"

"有时，回访报告我会拖很久才写，真的是不想动。"

两年的职场生活，把林霄的满怀激情磨灭了一大半，他没有过上想要的生活，成为理想中的自己，对工作的厌倦感也越来越强烈，那些令人厌烦的事务一点点地把他变成一个消沉、爱抱怨、爱拖拉的人。现在的工作很乏味，简直就是鸡肋，食之无味，弃之可惜。多年前，林霄还嘲笑别人没有上进心；不承想，多年后

的自己，也活成了那副模样。

在和林霄一起探讨他的困惑时，我们梳理出了两个要点：

要点1：工作枯燥乏味，令他感到厌烦，整个人变得越来越消沉。

要点2：现阶段没有存款，不能轻易离职，否则生活没有保障。

其实，面对枯燥乏味的事情，不只是林霄，任何人都不愿意去做。一旦觉得某些事情很无聊或是很痛苦，人们就会不可避免地产生拖延倾向。针对这样的情况，在有选择的情况下，我们最好是主动将它剔除，比如你实在不喜欢做家务，可以尝试委托给小时工，这样就不必强迫自己去做这件事了，可以节省下时间去做更有意义的、更喜欢的事。

这是一种较为理想的状态，可以自主地进行选择。可惜，现实的情形并不总是尽如人意，有些事情虽然很麻烦，但出于各种客观原因却必须要做，不能摆脱或委托给其他人。就像林霄面临的处境——工作经验不足，没有生活储备金，暂时承担不起失去工作的风险。针对这样的情况，我们又该怎么办呢？

其实，早在1800年前，马可·奥勒留在《沉思录》中就给出了启示："我们的生活，就是由我们的思想创造的。"如果有些无聊的事情，我们不得不做，那就要找一种方法，让它变得有趣一点，由此降低它带来的疲劳与厌烦。

提到让工作变得"有趣"，很多人会不以为然，甚至觉得"虚"。理由很简单：朝九晚七，忙忙碌碌，看老板的脸色，受客户的刁难，处理不完的事务，有什么乐趣可言？

结合我在生活与咨询中接触到的、处理过的一些职场问题，我总结出了一些心得。许多人之所以对工作有这样那样的不满，看不到工作的价值，多半是源自以下几方面原因：

原因1：以追求金钱和生活质量的提升为终极目标。

原因2：价值观扭曲和单一化，只关注利益和欲望，认识不到工作的内涵。

原因3：被周而复始的工作流程磨灭了激情，新鲜感逐渐丧失，感到疲乏厌倦。

原因4：没有平衡好工作与生活的关系。

原因5：现实与梦想之间存在巨大落差，无法正视现状。

世间没有哪一种工作会令人十分满意，在做的过程中都会有他人难以体会的辛苦，甚至是倦怠。但我们终究是要工作的，且还要保持几十年甚至一生的工作状态，如果总是沉浸在消极抱怨中，无论是生活质量还是自我成长，都会受到影响。

给无聊的事情注入一些趣味

现实总是要面对的，如果无聊的事务不可剔除和避免，那就想办法让它变得有趣一点。

参考1

戏剧表演团"破碎蜥蜴"曾经编写了《超级骑警》这一电影，里面讲述了5个美国福蒙特州骑警的故事，他们试图将游戏和恶作剧带入工作，聊以度日。

参考 2

写作不是一件轻松的事，每次处理不同的主题或项目时，我会尝试不同的框架和行文方式，以避免"千篇一律"的厌烦感。

参考 3

枯燥不是任何工作的固有属性，想要让一件事变得不那么无趣，可以试着增加它的难度。当然，这个难度要适宜，太难的话可能会起到反作用。在工作难度与自身能力之间寻找平衡点，是实现心流状态的关键。

战拖速读导图

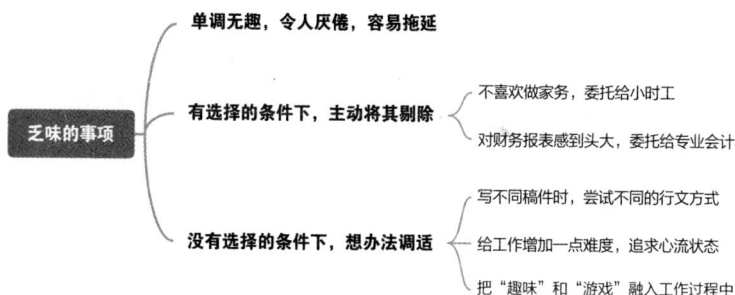

```
                    单调无趣，令人厌倦，容易拖延

                                          不喜欢做家务，委托给小时工
              有选择的条件下，主动将其剔除
                                          对财务报表感到头大，委托给专业会计
乏味的事项
                                          写不同稿件时，尝试不同的行文方式
              没有选择的条件下，想办法调适  ── 给工作增加一点难度，追求心流状态
                                          把"趣味"和"游戏"融入工作过程中
```

自救指南 23

打开录音机，告诉它你为什么无法行动

> 你若不想做，会找到一个借口；
> 你若想做，会找到一个方法。
>
> ——查德·泰勒

欧利说："在过去的二十几年里，我找借口的次数不比吃饭的次数少。"

上学的时候，每次考前他都拖着不复习，还大言不惭地声称："神经绷得太紧了，容易发挥失常，要放松一下。"大学毕业后，屡次面试都不被录用，他又安慰自己说："找不到工作还可以考研，多在学校待两年。"等参加工作后，他经常完不成任务，每次想集中精力干活时，脑子里总是冒出一个想法："不用太着急，晚上可以加班。"

一个又一个的借口，一次又一次的拖延，使得现在的欧利一事无成，三天两头地换工作，既狼狈又不堪。当我们的咨询进行到第十次的时候，欧利如梦初醒，已准备"悬崖勒马"。

如果有一件事迟早要做，而此刻的你又不想做这件事时，你

可以找到上百种理由推迟它。只是，无论这些理由听起来多么真实可信，都不过是借口。借口，往往会让拖延变得顺理成章，而拖延又为借口的诞生创造了条件。

💡 过度合理化效应

美国社会心理学家费斯廷格通过试验，证明了"过度合理化效应"的存在，即：每个人都试图为行为的合理化找原因，而一旦认为自己找到了，就不会再继续找下去。通常情况下，人们总是先找那些显而易见的外在因素，如果这一外因可以解释行为，他们就不会再去寻找内因了。

欧利在面对自己的拖延行为时，一直试图用外因将其合理化，以减少内外的不协调感。他过去经常会对自己说这样的话："我要给自己放个假，休息之后我会做得更好""生活没什么希望，怎么做都是枉然"……无论他为拖延行为所找的理由听起来是多么合理，都没有办法掩盖一个事实：它是欧利对自己不当行为的辩解，最终的目的不过是获得虚假的心安。

怎么才能避免陷入过度合理化效应呢？

我在阅读心理学家大卫·维斯考特的《情绪复原》时，深受启发：斯考特博士在为病人提供治疗的过程中，会主动要求病人描述自己的问题，以及他们正在被哪些问题困扰。他将治疗过程进行了录音，为的是更好地为病人提供服务，也便于自己记录详尽的信息。

后来，维斯考特博士给病人们回放这些录音，意想不到的情况发生了。当病人听到自己的描述以及面临的困境时，他们竟然表示无法容忍自己说过的话，那些理由和借口听起来让自己很不舒服，难以接受。尽管当时的他们，真的在为这些事烦恼忧心，可现在他们不想再走老路了，不想再听那些软弱无力的争辩了。

👤💡 "重温" 自己的借口

我将这一方法推荐给了欧利，作为一项"家庭作业"：发现自己在拖延的时候，打开手机里的录音 APP，说出自己不想或无法投入行动的原因。间隔几小时或一两天，再重温这些声音。

尝试了几次之后，欧利觉得这个方法对他产生了一些效用。因为他在听这些录音的时候，感觉非常不适，那些所谓的"理由"根本就称不上是理由，连他自己都感到可笑，乃至厌恶。"听穿"了自己说的那些冠冕堂皇的理由，也就不想再自欺欺人了。如果你在面对一些现实问题时，也存在找借口、逃避责任的倾向，不妨试试这个办法。

战拖速读导图

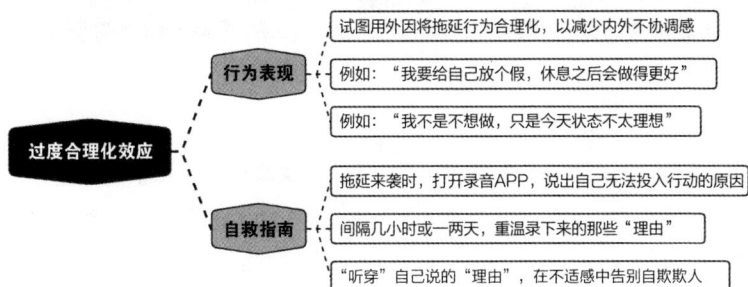

过度合理化效应

行为表现
- 试图用外因将拖延行为合理化，以减少内外不协调感
- 例如："我要给自己放个假，休息之后会做得更好"
- 例如："我不是不想做，只是今天状态不太理想"

自救指南
- 拖延来袭时，打开录音APP，说出自己无法投入行动的原因
- 间隔几小时或一两天，重温录下来的那些"理由"
- "听穿"自己说的"理由"，在不适感中告别自欺欺人

😈 自救指南 23

自救指南 24

及时止损，不是所有的坚持都有意义

> 投资犯错不可怕，
> 最重要的是不能连续犯错，
> 要及时止损。
>
> ——巴菲特

林翔是一家公司的广告业务员，每天都在很努力地寻找意向客户。可惜，大部分客户给出的回复都是"再议"。组长看到林翔的工作模式，私下找他谈话："你每天这样打电话，业绩却一直没有提升，是不是要考虑换一种工作方法？"

林翔不太理解，说："我用这个方法也谈成了几单，您觉得有什么问题吗？"

组长说："一次次不厌其烦地打着那些'再议'的电话，效率太低了。你在跟客户沟通时，有没有直接问过对方的确切态度？然后，用'是'和'否'对客户名单进行划分。在交谈的过程中，你要仔细听对方的语气，如果对方是真诚地'不确定'，再放在一旁特殊处理。这样的话，可以节省不少时间，成交的概率也会提升。"

起初，林翔不太愿意改变自己的工作模式。毕竟，改变意味着要重新整理客户资料，而现有的都得舍弃，这让他觉得可惜。组长看出了林翔的心思，给了他一句忠告："如果有更好的方法、更优的途径摆在眼前，及时止损才是明智的选择。"

林翔保存着原来的资料，又按照组长说的方法重新整理出了一份客户资料，按照"是"与"否"来划分……果然，效率比以前提高了不少，工作也更有针对性了。他把之前的资料中有价值的信息全部摘取出来后，将剩下的内容扔进了垃圾桶。

《人生本就不易，你要学会止损》中有一段话，颇具深意：

"在感情中，当你付出真心却换回来刀子，你的感情就应该进入止损流程；在职场上，当你做着一份不喜欢的工作，拿着不快乐的薪水，那么这份工作就应该进入止损流程；在人际交往中，当你的情分被当作义务，一味被滥用的时候，你的善良就该进入止损流程。"

如何做到及时止损?

自救指南 1：全面分析，判断是否需要及时止损

准确全面地分析自己正在做的事情，判断是否应该及时止损。

首先，长远来看，如果事情正在朝着你不希望的方向发展，就说明里面的某个环节出了问题，要停下来反思，而不是拖延着不去管它；其次，如果你的努力一直没有改变现状，甚至让你丧

失了掌控感，你也要思考，是不是哪里出了问题，要及时地解决。

👫 自救指南 2：接受错误的存在，终止错误的行为

当我们认真去做一件事时，往往坚信自己的选择是对的。然而，如果我们在做事的过程中发现自己的坚持可能是错的，就要勇敢地接受错误的存在，终止错误的行为。拖着不去解决，继续投入时间、精力、财力，才是真的愚蠢。

不是所有的坚持都有意义，当意识到有些事是错误的时，就要及时止损。在错误的路上义无反顾地坚持，就像是站在一条死胡同里，还希冀着快点抵达终点。这样的坚持没有任何意义，只会把人生中真正重要的、有益的事情耽搁。

🧠 战拖速读导图

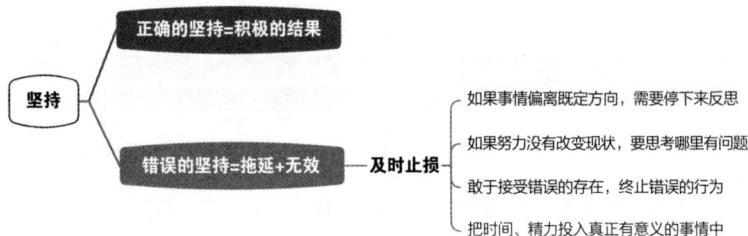

```
            ┌── 正确的坚持=积极的结果
            │
   坚持 ─────┤                              ┌ 如果事情偏离既定方向，需要停下来反思
            │                              │
            └── 错误的坚持=拖延+无效 ──➤ 及时止损 ┤ 如果努力没有改变现状，要思考哪里有问题
                                           │ 敢于接受错误的存在，终止错误的行为
                                           └ 把时间、精力投入真正有意义的事情中
```

知道什么事情对自己而言最重要

> 重要之事，
> 绝不可受芝麻绿豆小事的牵绊。
>
> ——歌德

　　艾力是一家公司的总裁助理，每日工作事务繁多，但她处理得井井有条，是总裁的得力帮手，薪水连涨。细心的她发现，公司里有一些员工在执行任务时总是拖延，比如周一要递交的重要文件，总得催上两三次，才能送到总经办。问及原因，就是一句"事情太多""忙忘了"。在艾力看来，其实就是做事不分主次，不知轻重缓急。

　　观察了几个星期后，艾力还发现，有些员工在工作时间并不是很用心，而是在聊天、刷网页，甚至偷偷玩游戏……临近下班才开始焦头烂额地忙活，有时要熬到夜里九十点钟才回家。到了第二天，又循环往复地继续前一日的模式。

　　平心而论，那些习惯拖延的员工，本身承担的工作任务并不繁重，可他们却总在加班，搞得比总裁都累。有一次下班前，她看到某位同事又在赶进度，就善意地"提醒"了一句："又要加班呀？我有个提升效率的办法，不知道你愿不愿意试试？"一听说能摆脱加班的烦恼，同事自然想"取取经"。

艾力说："前一天下班时，把自己第二天要做的事写下来，再用四象限法则合理地按顺序标注……"同事听得有点懵，这是什么意思？为了给同事解释清楚，艾力说："稍后我给你发一个PPT，专门介绍四象限法则的，你看了就明白了！"

有拖延问题的人，在做事方面过于"随性"，胡子眉毛一把抓。结果，一不小心就把重要的事情拖到了最后。殊不知，做事有先有后，循序渐进，才是保持高效的根基。如果做事时分不清轻重缓急，不知道哪些事该先做，哪些事可以放一放，就会陷入瞎忙的状态中，把自己弄得既狼狈又疲惫。

四象限法则

四象限法则是管理学家科维提出的一个时间管理理论：把工作按照"重要"和"紧急"两个维度划分为四个象限：紧急又重要、重要但不紧急、紧急但不重要、不紧急也不重要。

第一象限：重要又紧急的事

这类事情是最重要的事，且是当务之急要解决的，需要优先处理。对于医生来说，给病人做手术、进行医学治疗是刻不容缓的事，绝不能拖延；对于律师来说，准备好充足的材料，及时走上法庭为自己的当事人辩护，也是最重要的事情；对于外卖员来说，按时把餐食送到顾客手中，同样是最重要的事情。所以，重要且紧急的事情，应当立即去做。

👫 第二象限：重要但不紧急的事

运动、健康饮食、学习舞蹈、研读某本专业书籍、建立一段亲密关系……这些事情不是迫切的、当下必须完成的，却对我们的人生有长远的影响，需要制订长期的计划，循序渐进地完成，这类事情就属于"重要但不紧急的事"，可以放在次要位置，按部就班地去执行。

👫 第三象限：紧急但不重要的事

突然收到的朋友的邀约，接到充值话费的短信，或是快递员提醒你取快递……这些事情在生活中很常见，都属于"紧急但不重要"的范畴。由于其紧急性，常常使我们产生错觉，认为"这件事情很重要"。其实，这类事情大多是可以推辞或在一定程度上往后推迟的，应在时间充裕的时候处理，以避免打乱我们原本的计划。

👫 第四象限：不紧急也不重要的事

从字面意思可知，这些事既不紧急也不重要，不值得去做。可现实的情况恰恰相反，许多人都被这类事情缠绕了，看无聊的小说、刷微博、看短视频、工作过程中回复社交消息，宝贵的时间白白被消耗。我们的时间和精力很有限，这些事能不做就不做，如果非要做，就给自己限定时间，如聊天半小时、看小说 20 页，时间一到立刻停止。

你可能也发现了，四象限法则是以"价值"为基础对事情进行划分的。我们做任何事情都脱离不了其价值意义，虚度年华、浪费时光，不是智者的选择。

需要注意的是："重要但不紧急的事"（第二象限，如运动、健康饮食、写一本书）往往是最耗费时间和精力的，也需要一个长期的计划，如果不能循序渐进地去执行，其最后就会变成"重要又紧急的事"（第一象限），可因为难度大、内容多，往往很难在短期内完成，就会导致拖延，甚至引发严重的后果（产生慢性病、无法如期截稿等）。

现在，请你试着将要做的事情分别填入四个象限，思考一下应该先做什么，后做什么。同时，知晓哪些事情需要循序渐进地做，不能一日拖一日。唯有心中有数，忙而有序，才能让生活远离狼狈，实现一个个预期的目标。

战拖速读导图

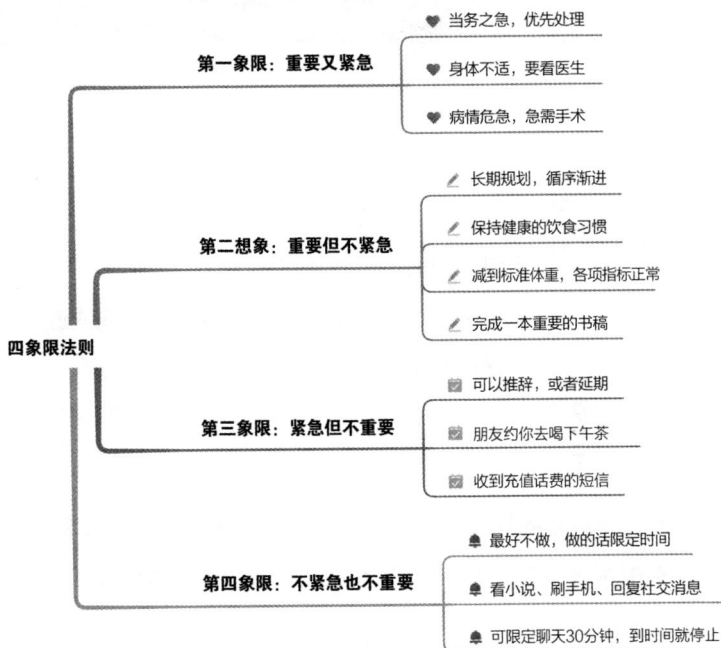

四象限法则

第一象限：重要又紧急
- ❤ 当务之急，优先处理
- ❤ 身体不适，要看医生
- ❤ 病情危急，急需手术

第二想象：重要但不紧急
- ✎ 长期规划，循序渐进
- ✎ 保持健康的饮食习惯
- ✎ 减到标准体重，各项指标正常
- ✎ 完成一本重要的书稿

第三象限：紧急但不重要
- ☑ 可以推辞，或者延期
- ☑ 朋友约你去喝下午茶
- ☑ 收到充值话费的短信

第四象限：不紧急也不重要
- ♧ 最好不做，做的话限定时间
- ♧ 看小说、刷手机、回复社交消息
- ♧ 可限定聊天30分钟，到时间就停止

自救指南　26

停止多任务处理，一次只做一件事情

> 一心多用就像是打网球时用了三个球，
> 你以为你能面面俱到，以为自己的效率很高，
> 可以同时做两件或者多件事情，
> 实际上不过是你的意识在两个任务之间快速切换，
> 而这每一次切换就会浪费一点时间和效率。
>
> ——爱德华·哈洛威尔

　　凯文是新晋的管理人员，他深知清单思维在工作中的重要性。在这个追求效率的时代，如果不具备清单思维，很容易变成热锅上的蚂蚁，被堆积如山的小事搅乱心情。所以，他在工作中一直保持使用清单的习惯，把每天、每周要做的事情列出来，遵循先重后轻、先紧后松、先急后缓的原则，科学地进行排序。

　　自从晋升为主管后，凯文发现，即便有了这样一份清单，情况也没有预想得那么乐观。他在工作中经常会碰到这样的状况：会议上正在探讨下个季度的营销方案，而他却想着没有完成的招商会的演示文稿；明知道不能开车时打电话，却总是这样做；一边按照清单计划回复邮件，一边听下属汇报月工作小结……似乎，总有些零零碎碎的东西，让凯文的工作清单陷入被动的境地，这令他感到很郁闷，不知道该怎样平衡。

凯文的问题在于，他经常同时处理多件事，导致注意力不自觉地发生偏移，无法集中到要做的事情上。在这个过程中，注意力的整体消耗是很大的，但效果却不理想。

神经学家发现：人的大脑通过语言通道、视觉通道、听觉通道、嗅觉通道等来处理不同的信息。每一种通道，每次只能处理一定量的信息，超过了这个限度，大脑的反应能力就会下降，非常容易出错。大量的事实也证明：习惯分散精力同时处理多项事务的人，最后平均花在每件工作上的时间，要比集中精力去处理这件工作的时间，多出 20% 以上！

大脑的资源有限，同时间处理不同的事情，资源的消耗会加速，影响我们的精神状态和工作效率。要摆脱拖延症、告别低效能，就必须学会在同一时间内减少大脑里装载的东西，让大脑更好地按照特定的秩序去处理问题。

同一时间，只做一件事情

针对凯文所遇到的问题，他要做出的改变是——停止多任务同时进行，不要让大脑从这件事到另一件事来回地跳跃，更不要试图在同一时间做很多的事；要保证在同一时间内，集中全部的精力，处理最重要的一件事！

那么，如何做到同一时间，只专注于一项任务呢？全球时间管理术第一人里奥·巴伯塔，曾经提出过一些有效的建议，我们可以将其中的一些作为自救指南的参考：

自救指南 1：把重要的事情放在第一位

我们在任务排序上也讲过，重要的事情要放在前面做，对任务进行优先级划分。在做完这件事之前，别的事都不要做。完成后，短暂休息一下，再开始做下一件"头等要务"。如果一个上午，能够完成两到三项重要的任务，剩下的时间，就算是额外收获了。

自救指南 2：做事时排除外界的干扰

做一项任务的时候，尽量排除外界的干扰。如果有可能的话，可以关闭邮箱，断开网络，手机静音，专注于手头的任务，做完之前不要去想其他的事。如果你特别想查看邮件，或者做其他的事，可以让自己暂停片刻。做几次深呼吸，调整好心态，再重新回到手头的工作上来。

自救指南 3：临时任务可以暂缓处理

如果中途有其他的事项"空降"，你可以先把它记录在本子上，作为"待办事项"，然后回到手头的工作上来，切忌被它牵着走。

自救指南 4：必须中断时要做好标记

有些时候，"空降"的任务十分紧急，刻不容缓。遇到这样的情况，要把手上的工作做好标记，知道进行到了哪一阶段，把所有相关的文件和记录整理好，暂搁在一旁；或者建立名为"处理中"的文件夹。这样当你重拾这项任务时，就可以迅速地找到"中断点"，恢复工作。

🧍 自救指南 5：完成任务后要进行整理

完成手上的工作任务后，要进行必要的整理工作，如清理电子邮件，保存相关文件等。同时，把新任务（临时的任务）加进日待办清单，重新规划日程安排。

即时通信的时代，海量的信息总会不时地袭来，如果不知道如何处理多项任务，只是跟着即时的状况走，那么很快就会不堪重负。同一时间只处理一项重要的任务，既是一种能力也是一种方法，它能够帮助你在混乱的环境中摆脱惶恐和焦躁，按照自己的节奏，有条不紊地把多项任务逐一地处理好。

🧠 战拖速读导图

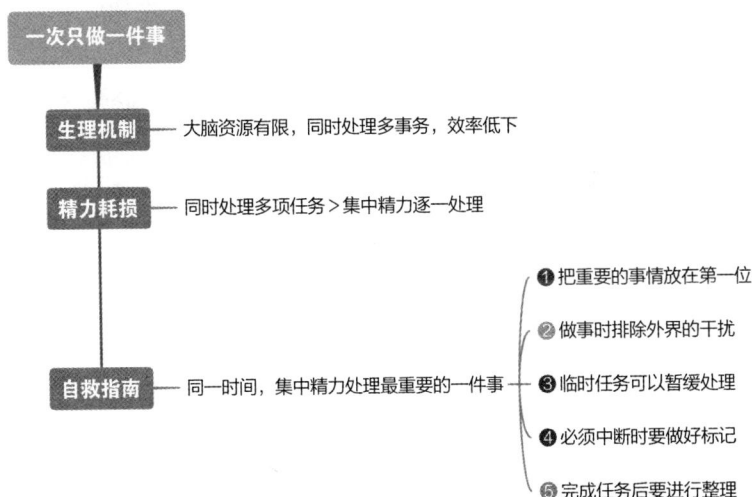

```
一次只做一件事
│
├─ 生理机制 ── 大脑资源有限，同时处理多事务，效率低下
│
├─ 精力耗损 ── 同时处理多项任务 > 集中精力逐一处理
│
└─ 自救指南 ── 同一时间，集中精力处理最重要的一件事 ─┬─ ❶ 把重要的事情放在第一位
                                                    ├─ ❷ 做事时排除外界的干扰
                                                    ├─ ❸ 临时任务可以暂缓处理
                                                    ├─ ❹ 必须中断时要做好标记
                                                    └─ ❺ 完成任务后进行整理
```

别为不值得的事虚耗时间和精力

> 那些不善加利用他们的时间的人，
> 往往是第一个跳出来抱怨时间短暂的人。
>
> **——让·德·拉布吕耶尔**

　　国际知名设计师安德鲁·伯利蒂奥，在利用时间上简直是一个"狂人"，他不愿错过一分一秒，所有认识他的人都说："看，安德鲁·伯利蒂奥真是太会珍惜时间了！"

　　安德鲁每天都要花费大量的时间进行设计和研究，除此之外，还要处理许多其他方面的事务，忙得不可开交。他总是风尘仆仆地从一个地方赶到另一个地方，不放心把事情交给任何人，事事都得亲自过问、亲自参与才放心。时间长了，他自己也觉得很累。

　　有朋友问他："为什么你的时间总是不够用呢？"

　　安德鲁笑着说："因为我要负责的事太多了！"

　　后来，一位教授语重心长地跟他讲："人，大可不必那样忙！"

　　这句话点醒了安德鲁。他忽然意识到，自己每天忙得不可开交，但大部分的时间都花在了七零八碎的事情上，真正有价值的设计作品全是靠着挤出来的一点儿工夫创作出来的。

如梦初醒的安德鲁，改变了以往的做事方式：把无关紧要的小事交给自己助手，自己则全身心地投入到最有价值的事情上。很快，他的传世之作《建筑学四书》问世了。至今为止，这部作品仍然被许多建筑师誉为"圣经"。

做不值得的事会带来什么？

成功学大师拿破仑·希尔，曾经归纳了 4 条做不值得的事情的坏处：

第 1 条：不值得做的事情会让你误以为自己完成了某些事情。

第 2 条：不值得做的事情会消耗时间和精力。

第 3 条：不值得做的事情会浪费自己的有效生命。

第 4 条：不值得做的事情会生生不息。

每天列出 3 件最重要的事

为了不把时间浪费在不值得做的事情上，建议大家在每个工作日的早上，列出当天要完成的 3 件最重要的事，并按照重要性的排列，先专心地做完第一件，再做第二件、第三件。

只需要一个月的时间，你就会发现自己的工作效率得到了明显的改善，甚至你可能完成了看起来要花费两三个月才能做完的事情，时间似乎也变得"多"了起来。

作家李敖在《选与落选》中提到人生的选择："你的生命是那么短，全部生命用来应付你所选择的，其实还不够；全部生命用来做你只能做的一种人，其实还不够。若再分割一部分生命给'你最应该做的'以外的——不论是过去的、眼前的、未来的，都是浪费你的生命。"

每列出3件最重要的事，其实就是在帮你作选择，让你把时间和精力用在最值得的事情上，免遭琐事的干扰。对绝大多数人来说，一生中的多半时间都是花在无关紧要的事情上。当你养成了只做有价值之事的习惯，你就等于得到了比他人多出1倍以上的时间和精力。

⌾ 战拖速读导图

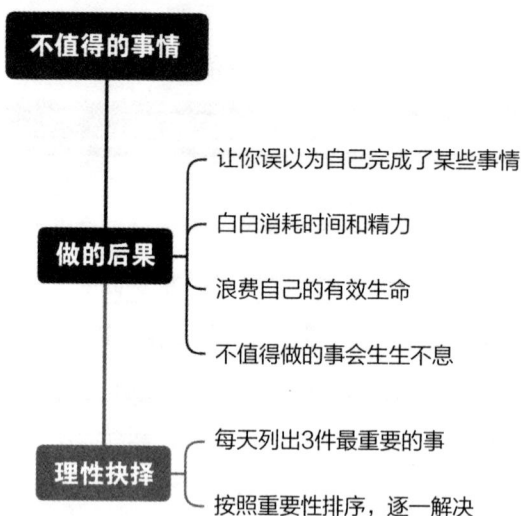

```
┌──────────────────┐
│   不值得的事情     │
└──────────────────┘
        │
        │      ┌ 让你误以为自己完成了某些事情
        │      │
  ┌──────────┐ ├ 白白消耗时间和精力
  │  做的后果 │─┤
  └──────────┘ ├ 浪费自己的有效生命
        │      │
        │      └ 不值得做的事会生生不息
        │
  ┌──────────┐ ┌ 每天列出3件最重要的事
  │  理性抉择 │─┤
  └──────────┘ └ 按照重要性排序，逐一解决
```

自救指南　28

时间管理的实质是工作效率，

其中的差别好比节食和保持健康之间的关系。

你想怎么节食都行，但节食不一定会让你更健康。

——乔丹·科恩

　　前一天晚上，露西拿出一张纸，思考第二天要做些什么。然后，她把它们列成了一个清单。之后，露西安心地睡去，期待着明天可以有饱满的精神，把这些待办事项全都处理好。

　　第二天，露西很努力地遵从清单上的内容和顺序去完成任务，没想到的是，计划赶不上变化，中间发生了很多意外的状况——公司临时召开会议，老板安排她协助一位新同事完成报表，她没有办法拒绝这些事情，因为它们也是日常工作的一部分。

　　不知不觉，就到了下班的时间。露西望着自己的清单，叹了一口气，上面列出的 7 个待办事项，只完成了 3 个，还有两件事情压根儿都没有开始。这样的结果，让露西内心涌现出了一丝挫败感和沮丧感，她想不通："为什么每次给自己列的清单总是完不成？"

你有没有在露西的经历中，瞥见一点点熟悉的影子？待办事项清单，几乎是现代人在工作或生活中的一部分，人们不论准备做什么事情，或想达成什么目标，都会把它添加到清单中。列清单的过程是很振奋人心的，但这份激动往往也只存在于书写的那一刻，至于清单上的事项能否实现，很多人似乎并没有考虑到。

下面的这组数据，来自于某团队的任务管理软件：

待办清单中 41% 的任务不会被完成；

待办清单中 50% 的任务在 1 天内完成；

待办清单中 18% 的任务在 1 小时内完成；

待办清单中 10% 的任务在 1 分钟内完成；

完成的事情中只有 15% 来自待办清单。

🔦 列清单容易，执行却不易

上文的数据阐述了一些经常被忽视的事实：我们并不太擅长按照清单来执行任务。

我们完成的任务，大都是一些不需要花费太长时间的小任务；我们实际完成的任务，与原计划存在很大的偏差。换句话说，我们都会列清单，但很少按照清单去行事；想做的事情很多，真正完成的却很少。

制订待办事项清单的要点

为什么制订了待办事项清单，最后却没能发挥出清单应有的效用呢？

有人不免对清单产生了质疑，认为它也没有想象中那么好用！事实上，不是清单没有效用，而是制订的清单本身存在问题！下面有几条自救指南，可以让你有效地了解制订待办清单时容易出现的错误，以及解决策略。

自救指南1：避免清单事项混杂，要分清主次缓急

不少人只是列出了自己想做的、要做的事，没有划分任务等级，只需要几分钟就能完成的事情和需要几个月才能完成的事情全都混在一起。制订了这样的清单，会出现什么结果呢？

在随机查看清单的时候，如果我们不知道接下来要完成哪一件事，那么出于本能，我们往往会选择最简单的、最容易搞定的事情，而不是最重要的事情，更不是花时间和精力更多的那个事情。那些被"筛掉"的事项，却被搁置和拖延了。所以，列清单时要融合"四象限法则"，分轻重缓急。

自救指南2：避免清单列表太长，适当缩减既定任务

有些人列的待办清单特别长，包含大量的任务，有些任务拖到了下班都没办法完成。于是，又顺理成章地延续到第二天、第三天、第N天。每天遗留下来的任务越多，对我们的负面影响越大，

这些未完成的待办事项清单，会打击士气，让人丧失动力。

解决这一问题的方案很简单：缩减每日待办清单中的任务，需要关注的项目越少，越不容易拖延。至于要制订几项任务，你要根据自己的工作时间、任务难度进行合理安排，不能简单地规定"每天必须完成5件事"，要通过实践找到适合自己的节奏。

🫴 自救指南3：避免在形式上浪费时间、分散注意力

我见过一些朋友用手机制作的清单，光看形式和美化度，就知道花费了不少时间。我也尝试过这种方法，可现实往往是，刚打开APP想计划做一件事，却临时收到了一条微信，注意力立马就被带跑了。等想起了还有待办事项时，脑子里的画面还是朋友圈的美照……这种方法太容易分神并导致拖延。制作清单，实用性比形式更重要。

🫴 自救指南4：避免单纯地罗列任务，要有具体方案

制订清单的时候，不能只标注一个任务名称，还要有这项任务的具体方案和程序。正确的做法是：把这个任务进行拆分，附加详细的说明，知道通过清单要实现什么目的、要执行哪些具体的步骤、项目什么时候可以达成。完成了这一思考过程，在真正执行的时候就不需要再花时间梳理程序，而是可以把精力放在真正需要创造力的地方。

说了这么多，就是想强调一个重点：在理想的情况下，我们应该能够根据清单所列的内容，逐一地完成各个待办事项。如果

总是出现"想做的事很多，完成的事很少"的情况，就要重新审视你的待办事项清单，很有可能是清单出了问题。

战拖速读导图

待办事项清单

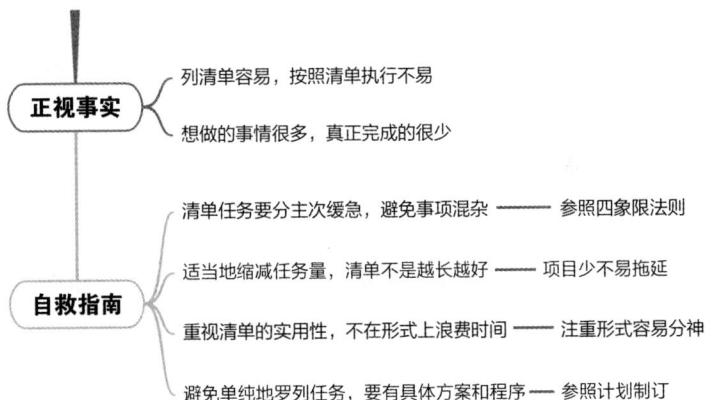

正视事实
- 列清单容易，按照清单执行不易
- 想做的事情很多，真正完成的很少

自救指南
- 清单任务要分主次缓急，避免事项混杂 —— 参照四象限法则
- 适当地缩减任务量，清单不是越长越好 —— 项目少不易拖延
- 重视清单的实用性，不在形式上浪费时间 —— 注重形式容易分神
- 避免单纯地罗列任务，要有具体方案和程序 —— 参照计划制订

自救指南　29

不返工，第一次就把事情做到位

> 在质量管理的现实世界中，
> 最好视质量为诚信，
> 即：说到做到，符合要求。
> ——菲利普·克劳士比

某周末在朋友家聚餐，他给 14 岁的女儿分配了洗碗的任务。

当天，朋友做了 10 个菜，色香味没得说，孩子也吃得津津有味。到了要"收拾残局"的时候，小姑娘却开始抱怨了："爸爸，你为什么要做这么多菜呀？收拾起来太麻烦了。"她想饭后睡个午觉，3 点钟和同学一起去看电影。于是，她就提出了请求："爸爸，我能不能等会儿再洗，先把碗筷放到厨房？"朋友回答得很干脆："随你。"

小姑娘回了房间，很快就睡着了。临近 2 点半的时候，她起来了，到厨房洗碗。十分钟之后，顺利完工，她美滋滋地回到房间。刚收拾好准备出门，女孩的妈妈叫住了她："小蕊，你洗的碗还带着油，晚上你打算就用这个吃饭吗？"

孩子心里很清楚，她刚才的洗碗就是在糊弄。所以，她只好

118

放下背包，又重新把碗洗了一遍。这一通折腾之后，已经快3点钟了。小姑娘有点不高兴，可还是吸取了教训："哎，下次还是多花5分钟把碗洗干净吧，逃不过我妈的'法眼'！"

朋友笑了笑，说："行了，我开车送你过去吧！"

返工＝拖延

有些时候，拖延的发生不是因为"缺少行动力"，而是"执行太过粗糙"：先是在心理上轻视了一件事情，认为可以轻而易举地完成，忽略了其中的难点和可能会犯的错误；或是主观上认为差不多就行了，实在不行再想办法，没有意识到返工会让事情变得更复杂。

如果能够修正好，顶多是延迟点时间，并不会造成太严重的后果。但生活中总有些事情，第一次没有做好，就很难再修复了，耽误的不只是时间。以写作来说，完成一本十万字的书稿后，要返工大改如同"死刑"。许多东西都是一气呵成的，如果第一次写得很粗糙，甚至逻辑不通、表述混乱，那么修改和润色的工程，不亚于重写，且质量难以保证。

第一次就把事情做到位

为了避免返工造成的延误，著名的质量管理大师克劳士比，提出了一个"零缺陷"理论，其精髓就是：第一次就把事情做到位！

为此，他还创立了一个公式：

质量成本 = 符合要求的代价 + 不符合要求的代价

所谓"符合要求的代价"，就是指第一次把事情做对所花费的成本，而"不符合要求的代价"，让我们意识到成本浪费的存在，从而确定要改进的方向。

如果一件事有十次做到位的机会，第一次没做好，第二次没做好，第三次没做好……到第九次做好了，结果是对了，但与第一次直接把事情做到位相比，浪费了大量的时间。如果一件事情是有意义的，且我们具备把它做好的能力和条件，为什么不一次把它做好呢？

人的时间和精力都是有限的，所谓"一鼓作气，再而衰，三而竭"，一件事情如果需要花费大量重复性的劳动去完成，到最后浪费的不仅是时间，还有生命。凡事只做一遍，一遍做好，是减少拖延最好的选择，也是对人生高品质的追求。

战拖速读导图

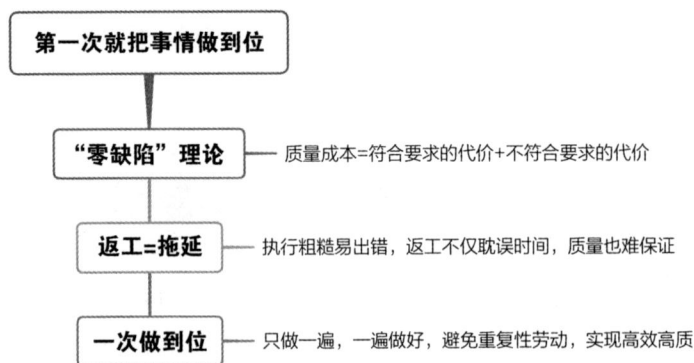

第一次就把事情做到位

"零缺陷"理论 —— 质量成本=符合要求的代价+不符合要求的代价

返工=拖延 —— 执行粗糙易出错，返工不仅耽误时间，质量也难保证

一次做到位 —— 只做一遍，一遍做好，避免重复性劳动，实现高效高质

自救指南 30

感受自己的状态，用好精力峰值时刻

> 时间管理的关键在于，
> 将浪费和闲耗的时间转化为投资的时间，
> 促成有意义的消费。
>
> **——佚名**

早在 20 世纪初，英国医生费里斯和德国物理学家斯沃伯特就发现了一个奇怪的现象：有些病人因为头疼、精神疲倦等，每隔固定的天数就会来就诊一次。

在跟这些病人深入沟通后，他们分析总结出一条规律：人的体力状况变化以 23 天为周期，而人的情绪状况变化则以 28 天为周期。

二十年后，另一位叫特里舍尔的人，又根据自己学生的智力变化分析总结出：人的智力状况变化以 33 天为周期。

在这些理论的基础上，后来的科学家们又陆续发现了一些事实：人的"体力状况、情绪状况、智力状况"按照正弦曲线规律变化；人的"生物三节奏"，可分为"高潮期""低潮期""临界期"。

人在"高潮期"时，心情舒畅、精力充沛，工作效率最高；人在"低潮期"时，心情低落，容易疲劳，工作效率较低；在"临界期"时，人的体力、情绪、智力会呈现不稳定的状况，工作易出现失误。

生活中，我们常常会有这样的感觉：前一秒还是精力充沛，激情满怀，后一秒就开始消极颓废，满脸倦容。很多人觉得是情绪波动所致，但其实这是一种正常的现象。

人的体力与大脑机能，在一天的时间内本就存在起伏。通常来说，10：00~11：00、15：00~17：00、20：00~21：00属于黄金时间，做事效率比较高，适合从事有难度和挑战性的工作。

精力峰值时刻，是精神与生理恰到好处的结合，在任何人的生命里都是平等的，不是你有我没有，我有他没有。如果你不浪费它，那么它带给你的回报也是翻倍的。

🧑‍💼 鉴别你的精力峰值时刻

每个人的情况不尽相同，从事的工作性质也不一样，所以关于精力峰值时刻，我们无法提供一个固定的、标准的"时间节点"。我们要结合实际情况，鉴别自己的精力峰值时刻。

你可以制作一张表格，横向标注星期几（星期一、星期二等），竖向标注时间段（6：00~7：00，7：00~8：00等），记录精力等级（1~5级），备注详细的活动内容（会议、用餐等）。将这一情况记录坚持执行两周以上，观察其中的"规律"。

你可能会发现，早上8：00~11：00这一时间段，你的精力非常充沛；在下午 15：00 以后会感到疲惫，注意力难以集中。同时，你还可能会发现，不同的活动也会影响你的精力水平，比如会议让你昏昏欲睡，而进行创意性工作却能让你精神抖擞。

当你找到了自己每天的精力峰值时刻，就可以把那些难度较大或是不太吸引人的任务，安排在这一时间来做，让重要的事情在自己状态最好的时候快速得到解决。

⌬ 战拖速读导图

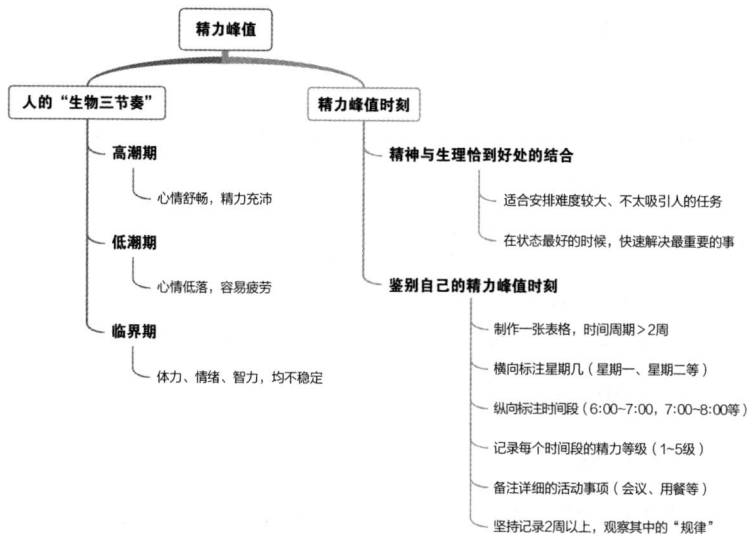

精力峰值

人的"生物三节奏"

- **高潮期**
  - 心情舒畅，精力充沛
- **低潮期**
  - 心情低落，容易疲劳
- **临界期**
  - 体力、情绪、智力，均不稳定

精力峰值时刻

- **精神与生理恰到好处的结合**
  - 适合安排难度较大、不太吸引人的任务
  - 在状态最好的时候，快速解决最重要的事
- **鉴别自己的精力峰值时刻**
  - 制作一张表格，时间周期 > 2周
  - 横向标注星期几（星期一、星期二等）
  - 纵向标注时间段（6:00~7:00，7:00~8:00等）
  - 记录每个时间段的精力等级（1~5级）
  - 备注详细的活动事项（会议、用餐等）
  - 坚持记录2周以上，观察其中的"规律"

自救指南 31

不虚度零碎的时间，哪怕只有 5 分钟

> 必须记住我们学习的时间是有限的。
>
> 时间有限，不只是由于人生短促，更是由于人事纷繁。
>
> 我们应该力求把我们所有的时间用去做最有益的事情。
>
> ——斯宾塞

阿莱在公司负责展会招商，前些天他向我诉苦："一直都想给自己充电，业余时间学点东西，可现在三天两头地出差，真是身不由己。每天在工作上就得花掉一半的时间！"

说完这番话，阿莱看看我，反问道："我想知道，像你这样身兼数职——既要做咨询，又要参加培训，还要写书的人，都是从哪儿'偷'来的时间？"

我问阿莱："你经常出差，在火车站、飞机场逗留的时间很多，且路上至少也要花费三五个小时。这些时间，你都是怎么度过的？"

阿莱说："能做什么呢，没有一个好的环境！无非就是看看电影、刷刷微博、玩会儿游戏呗，不然多无聊？有时，出门比较早，路上就困了，闭目养神。"

"嗯，路上休息没问题，养精蓄锐也是为了到目的地后更好地工作。只是，不太困倦的时候，你应该思考一下，怎么利用时间去做那些平时想做又没空做的事。"

有人算过这样一笔账：假设我们每天早上赖床的时间为 10 分钟，上厕所的时间为 5 分钟，排队买饭、等车的时间共计 30 分钟，再加上其他的零碎时间约为 40 分钟，加起来一天就有 1 个小时 25 分钟，一年就是 517 个小时，相当于整整 21 天的时间。

诺贝尔奖获得者雷曼说过："每天不浪费或不虚度剩余的那一点时间，即使只有五六分钟，如果利用起来，也可以成就大事。"21 天，足以养成一个习惯；21 天，足以培养一段恋情；21 天，足以适应全新的工作……21 天，充满着无限的可能。看似不起眼的零碎时间，积累起来的影响是惊人的。

澳大利亚生物学家亚蒂斯成功地发现了第三种血细胞，同时也赋予了闲散时间以生命的神奇。他非常珍惜自己的时间，还特意给自己制订了一个计划：睡前必须阅读 15 分钟的书。无论忙到多晚，哪怕是凌晨两三点钟，进入卧室后也要读 15 分钟的书才肯睡觉。他坚持了整整半个世纪之久，共阅读了 1098 本书、8235 万字，医学专家也由此成为文学研究者。

让零碎时间变得有利于工作

不少拖延者总是希冀着有整块的时间去做想做的事，所以他们经常会用一句话搪塞别人、欺骗自己："没有那么多时间啊！"是真的没有时间吗？看看下面的这些"零碎时间"，你用它们做了什么？然后再思考一下，今后你打算用它们做什么？

🕰 自救指南 1：利用好过渡时间，整理下一项任务的工作思路

在结束一项任务后，开始下一项任务前，通常都会有一段过渡时间。多数人会利用这段时间喝杯咖啡或热茶放松一下，这无可厚非。只是，在享受过渡时间的同时，我们也可以顺便思考下一项待办任务的要点，整理下工作思路，为接下来的执行做准备。

🕰 自救指南 2：利用好通勤时间，依照实际情况安排恰当的内容

每天上、下班路上的时间，少则一小时，多则两三个小时，虚度着实可惜。如何利用这段时间，要根据自身的实际情况而定：如果你是经理助理，不妨利用路上的时间为自己的工作安排和领导安排的任务做一个简单的整理；如果你是策划编辑，可以利用这段时间构思新选题；如果你是业务员，可以利用这段时间收发客户的邮件。

充分利用上、下班路上的时间，可以在一定程度上减少拖延的发生。通勤的路程比较枯燥，环境嘈杂，很容易让人产生消极的情绪。如果能借助这段时间开动脑筋，让思维活跃起来，到了公司后就能够快速地进入工作状态，而不是坐在工位上等自己"回过神"。

不要小瞧零碎时间，现代管理大师卡耐基说过："零星的时间，

如果能敏捷地加以利用，就可以成为完整的时间。"生命是时间累积而成的，零碎时间也是生命的一部分，积少成多，才能让生命变得丰富而充实。

战拖速读导图

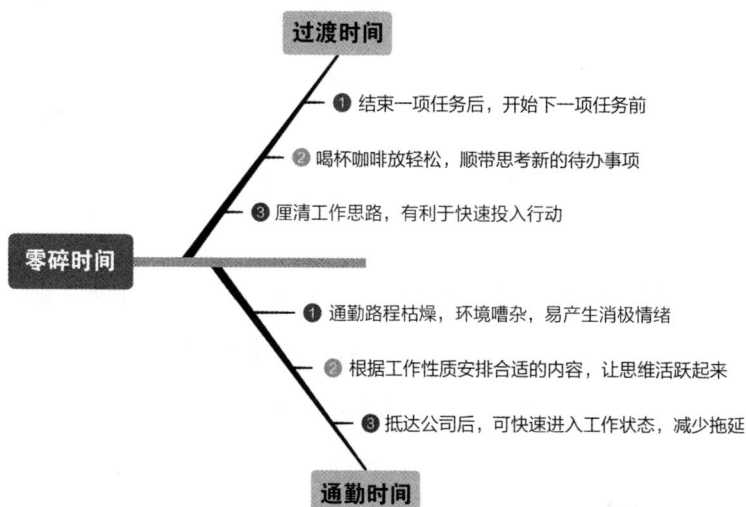

过渡时间
- ❶ 结束一项任务后，开始下一项任务前
- ❷ 喝杯咖啡放轻松，顺带思考新的待办事项
- ❸ 厘清工作思路，有利于快速投入行动

零碎时间

- ❶ 通勤路程枯燥，环境嘈杂，易产生消极情绪
- ❷ 根据工作性质安排合适的内容，让思维活跃起来
- ❸ 抵达公司后，可快速进入工作状态，减少拖延

通勤时间

自救指南　32

> 不要让生活打败你，
> 每个人的现在总是以过去为起点的。
> ——理查德·埃文斯

"黄昏的时候，坐在屋檐下，看着天一点点地暗下来，充满了凄凉和无奈。"也许，王小波写这段话的本意，是感叹时间易逝，人生落寞。可是，对拖延者阿美来说，这是她最真实的生活写照与内心感受。

周日的午后，阿美睡了一个午觉。醒来之后，屋内一片寂静，上周遗留下来的任务到现在还没有完成。她懒洋洋地坐在床上，一想到还有一堆的事情要做，立马就感觉烦躁不安。然而，内心的抗拒感依旧控制着她，怂恿她把该做的事情继续拖到晚上。为了在周一上班时能够顺利交差，不被领导指责，最后她只好熬个通宵，重复第 N 次"黑白颠倒"的生活。

在岁月和年龄面前，年轻是一种资本，可在健康前面，年轻并不是资本。肆无忌惮地挥霍与放纵，不过是在提前透支生命。

这种混乱无序的生活状态，让阿美显得愈发憔悴，脱发的问题也越来越明显。她到医院做检查，有几项指标都出现了异常，医生说要尽快调整不良的生活方式，否则很可能会发展成慢性病。

混乱 VS 拖延的恶性循环

在千万年的演化中，人类逐渐找到了最佳生存方案，我们的身体会随着大自然的变化而有规律地运转，各个人体器官也是如此。让自己的生活规律化，才能以最佳状态投入工作中，获得最大化的效益。拖延会扰乱正常的生活秩序，而混乱不规律的生活又会加重拖延，形成一个恶性的循环。

伦敦一所大学围绕人体的最佳睡眠时间做了一项调查，最终得出的结论是：成年人的日常睡眠维持在 7~8 小时是最合适的，这样的睡眠时长能够给予身体最充沛的能量。越是忙碌，越应该对自己的生活方式进行管理，结合实际情况制作一张符合自身节奏的作息表。

制订属于自己的作息计划表

许多人羡慕自由职业者，其实这份自由的背后，包含着高度的自律（注意：高级的自律是习惯）。如果不能把工作和生活协调好，就会演变成——工作完不成，生活不规律。在此，我想分享一下自己的作息计划表，尽管偶尔会有些许变动，但基本作息是固定的。

7：00~7：30　起床、洗漱、吃早餐

8：00~11：00　专注工作，屏蔽一切干扰

11：00~12：00　统一回复消息，准备午餐

12：00~12：30　整理厨房，权当简便的活动

12：30~13：00　小憩一会儿，补充精力

13：00~16：00　专注工作，屏蔽一切干扰

16：00~17：00　工作收尾，统一回复消息

17：00~18：00　吃晚餐，打扫卫生

19：00~20：00　30~60分钟的锻炼。

20：00~22：00　自由活动

22：30~7：00　睡觉，不熬夜

在我的这份作息计划表中，最不容易执行的不是白天的工作时间，而是从20：00~22：30点睡前的这段时间。疲惫了一天，总想做点儿喜欢的事，比如刷手机、追剧……一不留神，就超过了睡觉的时间，变成了熬夜族。

这让我意识到：睡觉之前所做的事情，直接决定着第二天的精神状态。我建议大家，睡前半小时最好放下手机，可以做一点简单的拉伸运动，也可以看几页比较放松的书籍，或者听一点舒缓的音乐，让大脑不那么兴奋，更有助于睡眠。

健康的身心，来自规律化的生活习惯，这件事情不紧急，但很重要，需要每天付诸实际行动和努力。起初会觉得有点难，但坚持一段时间就会养成习惯，这件让我们终身受益的事，值得我们用心去做。

战拖速读导图

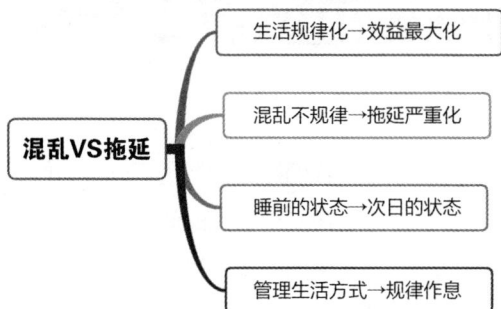

```
                    ┌─────────────────────┐
                    │  生活规律化→效益最大化  │
                    └─────────────────────┘
                    ┌─────────────────────┐
                    │  混乱不规律→拖延严重化  │
  ┌───────────┐     └─────────────────────┘
  │ 混乱VS拖延  │
  └───────────┘     ┌─────────────────────┐
                    │  睡前的状态→次日的状态  │
                    └─────────────────────┘
                    ┌─────────────────────┐
                    │  管理生活方式→规律作息  │
                    └─────────────────────┘
```

自救指南 33

> 我们好不容易剩下一点时间，
> 却又用这点时间来思考到底该干什么，
> 生活中有一半的时间就这么消磨过去了。
>
> ——威尔·罗杰斯

星期三，天气晴，微风拂面。

达达早早来到公司，昨天领导让他修改一张图纸，下午 4 点之前发给客户。刚刚坐到工位上，达达就看到旁边同事的桌子上放着一本杂志，封面上的标题吸引了他。达达忍不住拿起来翻看，又顺带着看了点其他的内容。等他放下杂志，看见电脑上的钟表时，吓了一跳：40 分钟？怎么过得这么快？赶紧干活吧！

刚打开图纸，电话响了，某同事着急忙慌地说："达哥，到公司了吗？能打开我的电脑，帮我传一份文件吗？我今天没法去公司……"达达给同事找文件、传送，又在微信上闲聊了两句，半小时的时间又没了。

放下电话，已经 9 点半了，达达的工作这才正式开始。午饭之后，他也没休息，抓紧改图。谁想到，老板突然召集员工开会，说公司要调整工资制度。等会议开完了，就已经 2 点了。距离达达交图纸还有 2 个小时，他马不停蹄地修改着，连喝水的工夫都没有。等到 4 点多的时候，客户等不及了，打电话来催促。无奈之下，达达只好把自己修改得七八分好的图纸发过去。

达达特别郁闷，与早晨来时的心情大相径庭：明明安排得很好，怎么还是拖延了？自己压根也没想着偷懒，还特意早起了！

日本学者对于时间浪费进行过一次调查，结果显示：<u>人们通常每 8 分钟会受到一次打扰，每小时大约 7 次，每天 50 到 60 次。平均每次打扰的时间大约是 5 分钟，每天被打扰的时间加起来有 4 小时左右，相当于工作时间的一半。</u>

在这些被打扰时间中，有 3 小时的打扰是没有意义和价值的，而在被打扰后重拾原来的思路，至少需要 3 分钟，加起来每天就是 2.5 小时。这一统计数据明确显示：<u>每天因打扰而产生的时间损失大约是 5.5 小时，按照 8 小时工作制算，占据了工作时间的 68.75%！</u>

意外干扰 VS 被动拖延

达达的问题恰恰是意外干扰所致，干扰打乱了他原本的时间安排，造成办事拖延，影响任务进度，使他陷入被动拖延的泥沼。身处现代社会，工作和学习的环境很"嘈杂"，这个嘈杂不只是说建筑物旁马路上的鸣笛声，办公室里的机器声，恼人的电话铃声等，纵然没有这些有声的事物，我们的心神也会被即时通信软件干扰，这都是打断工作进度的"时间盗贼"。

当你发现所处的环境中布满了各种促使你分心的干扰和诱惑时，哪怕是最简单的任务，也会像吸满了水的海绵一样膨胀到原来的 N 倍，让你难以承受。不想被干扰控制，就得提前做好准备——走进办公室之后，打开"干扰屏蔽器"！

应对干扰的自救指南

自救指南 1：培养自控力，提升对嘈杂的免疫

不少名人都曾故意让自己置身于吵闹的环境中，以此来锤炼内心的宁静。据说，股神巴菲特为了培养自己的注意力，让心绪少被外界因素干扰，每天特意带着书去菜市场看。这种做法，让他拥有了日后在任何时间、任何地方都能很好地学习的能力。

平时，我们也要培养自控力，提升对嘈杂环境的免疫力，不能一有风吹草动就分神。出现了分神的迹象时，要及时把注意力拉回到当下正在做的事情上。

自救指南 2：主动创造一个免打扰的环境

决定开始一项工作时，可以主动为自己创造一个免打扰的环境，比如：把电脑桌面上所有的私人社交、娱乐窗口和页面全部关掉；不得不处理的邮件，安排一个固定的时间点处理。这样一来，就能减少很多来自网络的干扰。

⅙ 自救指南 3：尽可能选择清幽的场所做事

在喧嚣嘈杂的环境里，强迫自己集中注意力，是一个磨炼自己心性的考验。不过，对于许多人来说，这并不容易做到。如果你感觉外界环境给你造成了干扰，而你无法通过自控能力对其免疫，那么不妨带着工作或学习资料，选择一处清幽的场所，以确保能够安静地做事。

总而言之，要克服拖延，抵制零零碎碎的意外干扰，需要通过自我和外界的共同作用。自控力强时，就通过自控力来排除干扰；自控力差时，想办法为自己创造条件排除干扰。

⦿ 战拖速读导图

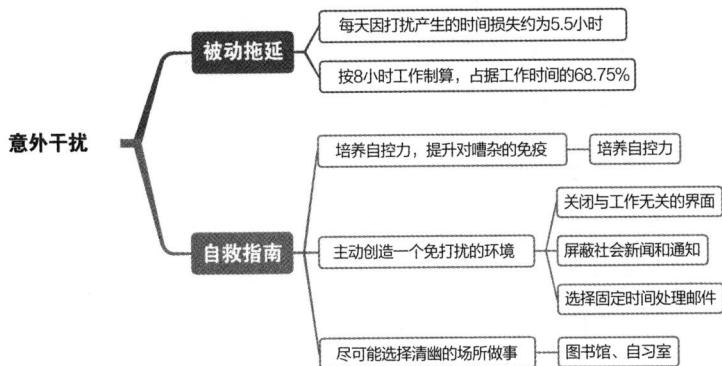

```
                    ┌── 被动拖延 ──┬── 每天因打扰产生的时间损失约为5.5小时
                    │              └── 按8小时工作制算，占据工作时间的68.75%
意外干扰 ───────────┤
                    │              ┌── 培养自控力，提升对嘈杂的免疫 ── 培养自控力
                    │              │                                   ┌── 关闭与工作无关的界面
                    └── 自救指南 ──┼── 主动创造一个免打扰的环境 ──────┼── 屏蔽社会新闻和通知
                                   │                                   └── 选择固定时间处理邮件
                                   └── 尽可能选择清幽的场所做事 ── 图书馆、自习室
```

自救指南　34

> 如果你能把办公桌收拾得井井有条，
> 你会发现工作其实很简单，
> 而这也是提高工作效率的第一步。
>
> **——罗南·威廉士**

文森是销售型设计师，既要设计方案，还要跟业主沟通对接。自从有了自己的工作室后，他忙得不可开交，总是跟我抱怨："老是有事拖后腿，好像怎么都做不完！"

偶然的一次机会，我应邀去了文森的工作室，"观摩"他的工作环境和工作状态。

说实话，走进文森的办公室，我简直惊呆了！

杂乱无章的办公桌上，堆放着各种图纸、笔等物件。桌子上的空间只能放下两只手，一点空余之地都没有。桌子边上的文件架，无序地插满了各种文件夹，有之前业主的资料，初稿、新稿、资料混杂在一块，文件架上还歪斜地放着几本名著，上面落满了灰尘。

再看文森的电脑显示器，屏幕周围被贴上了五颜六色的便利贴，参差不齐。便利贴上记录的内容，有之前的合作日期，有业主的联系方式，还有紧急事情的提示。

这时，文森的合伙人打来电话，让他把前段时间某个业主的设计稿找出来。他先是看了一眼杂乱无章的桌面，又在一堆文件夹里盲目地乱翻，看起来毫无头绪。十几分钟过去了，合伙人又打来电话催促，文森还是没找到，只好告诉对方"找到后给你送过去"。

目睹了这一切后，我跟文森说："今天的'观摩'就到这儿吧！我觉得，你还是把办公室好好收拾一下吧！我在这待了半个小时，一直在看你找东西……"

相关专家研究发现：桌面凌乱不堪的人，往往都是工作效率低下的拖延症患者。至于原因，再简单不过：处在乱糟糟的环境中，要耗费大量的时间和精力寻找东西。原本 1 分钟就能够做好的事，却因东西混乱不堪而耽误正事。

💡 如何整理办公桌？

最容易变得杂乱的地方东西越少，越能证明我们可以掌控自己所处的环境。当这些平凡而琐碎的事物都在掌控之下，我们对时间和自我的掌控也会更加从容。

那么，办公桌该怎样整理，才能更好地创造整洁的空间，提高工作效率呢？

🐣 自救指南 1：收起可有可无的物品

电脑、鼠标、键盘，这些都是日常工作的必需品，不必收起来。至于那些小摆件、订书器、文件夹等可用可不用的东西，不妨收在抽屉里。倘若都摆放在桌子上，不仅会造成视觉上的凌乱，还很容易让我们在计划某项工作时因看到某个物件而分神，无法专注地思考。

🐣 自救指南 2：只保留现阶段的资料

要保持视线开阔，就不能把所有的资料和工具都堆在桌面上。现阶段的工作需要哪些资料，就把它们放在触手可及的地方。一旦这个项目结束了，就把资料收起来，拿出下一个项目需要用的资料。这样做可以有效地节省空间，还能让我们把注意力放在当下的任务上。

🐣 自救指南 3：工作结束后清理桌面

乔·舒格曼在《成功的力量》里提到："每天晚上清理你的办公桌，会让你不自觉地决定第二天的工作。"我非常认同这一观点，在完成一天的工作后，花点时间整理好所有的文件，收拾得整整齐齐，第二天坐在工位上时，感受着这份整洁带来的"仪式感"，我们能够更快地进入工作状态，减少拖延的发生。

🐣 自救指南 4：整理好电脑中的文档

除了办公桌上视觉范围内可见的物品外，电脑里的工作文档也要做好分类保存。这样的话，无论找什么文件，都可以迅速知道它存放在哪个盘、哪个文件夹里，可以节省不少时间。

战拖速读导图

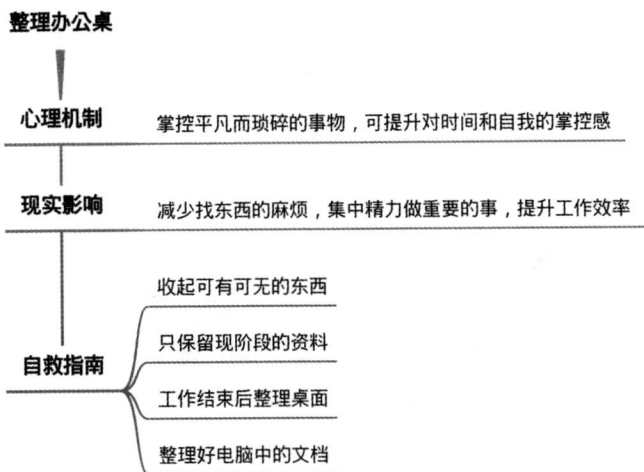

整理办公桌

心理机制 掌控平凡而琐碎的事物，可提升对时间和自我的掌控感

现实影响 减少找东西的麻烦，集中精力做重要的事，提升工作效率

自救指南
- 收起可有可无的东西
- 只保留现阶段的资料
- 工作结束后整理桌面
- 整理好电脑中的文档

自救指南 35

停止“连轴转”，平衡工作与生活

> 人一直走的话，是走不远的。
>
> ——《小王子》

“二战”时期，德国法西斯攻打英国，伦敦经常是火海一片，轰炸声不绝。

如此紧要的关头，丘吉尔在做什么呢？他，坐在沙发上织毛衣。

这件事传出去后，所有的英国人纷纷摇头，表示不理解。毕竟，丘吉尔是首相啊！民众们都认为，他对国家大事“心不在焉”。事实真相人们所见、所想的那样吗？

后来，人们才知道：织毛衣这项活动，不是丘吉尔打发时间的消遣活动，而是他独特的休息方式与自我放松术。他指挥着百万大军，管理着战乱中的国家，精神经常处于高度紧张的状态，他把仅有的一点空闲时间用来织毛衣，就是想分散自己的注意力，让精神得到放松。

当我们感到精疲力竭的时候，通常是我们已经达到了精力的极限。在这样的状况下，无论想做一件事情的动机多么强烈，体力或脑力都难以支撑我们去完成它。这个时候，拖延就不可避免地发生了。面对这一问题，最好的办法就是，停下来休息，补充精力。

遗憾的是，有些人明明已经支撑不住了，却还是咬牙硬撑，即便饱受拖延和低效率的折磨，也不敢停止工作，甚至还会对"放松"的想法和行为产生罪恶感。如果你正陷入类似的困境中，那么我想提醒你：被埋没于重重任务之中不能自拔，是典型的压力成瘾。压力成瘾后，带给我们的是低下的效率、无节制的生活习惯、烦闷的心情，以及越来越糟的身体状况。

长时间埋头在繁重的工作中，牺牲所有的休息时间，换不来更多的价值，相反还可能让我们失去更多。毕竟，我们的生命中不只有工作，还有家人、朋友、情感以及各种美好的事物，唯有找到工作与生活之间的平衡，才能高效地工作和愉悦地生活。

停止"连轴转"的自救指南

怎样来安排工作与生活，才能让精力在耗损与恢复之间达到一个平衡呢？

其实，最简单直接的办法就是——停止"连轴转"。

自救指南 1：减少"形式化"的加班

有时候，由于工作任务的截止日期临近，还剩下不少工作尚未完成，适当地加班赶一下，无可厚非。如果是因为到了下班时间，其他同事都没有走，而你害怕跟别人不一样，即使做完了本职工作也不敢离开，那就没有必要了。工作之余的时间，本就是属于你的，你有权利用来安排自己的生活，或是进行自我提升。只要你能递交出优异的工作成果，就无须因任何理由认为自己"应该"待在办公室里空耗时间。

⏱ 自救指南 2：午间花一刻钟休息一会儿

有一项研究表明，近三成的人都选择在办公桌前吃午餐，可谓是分秒不停息。其实，如果能在午间花一刻钟小憩一会儿，哪怕只是闭目静坐，也可以让精力得到恢复，有利于提升下午的工作效率，同时增进整体的健康状况。

⏱ 自救指南 3：把周末和节假日还给自己

夜以继日地工作，连周末和假期也不放过，最终的结果只会是把自己消耗殆尽。你可以选择就 1~2 周的生活做一份时间明细表，记录每天花掉时间的方式，改善使用时间的模式，查看自己的工作安排有哪些地方存在问题，以便及时地进行调整。

⏱ 自救指南 4：划清楚公与私的界限

你是不是每天查看太多次电子邮箱？工作有没有侵入三餐的时间？群组消息有没有被带进汽车、客厅或卧室？如果是这样的，那么你要尝试把生活分割成不同的部分，把工作留在属于它的时间段，其余的时间和精力留给自己、家人和业余生活。

战拖速读导图

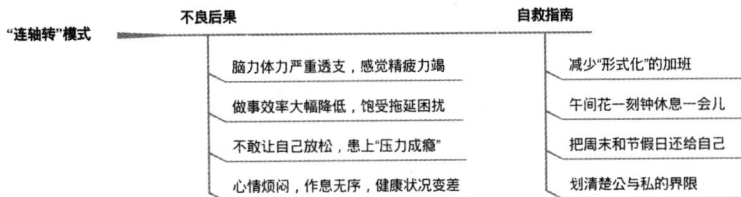

"连轴转"模式	不良后果	自救指南
	脑力体力严重透支，感觉精疲力竭	减少"形式化"的加班
	做事效率大幅降低，饱受拖延困扰	午间花一刻钟休息一会儿
	不敢让自己放松，患上"压力成瘾"	把周末和节假日还给自己
	心情烦闷，作息无序，健康状况变差	划清楚公与私的界限

自救指南　36

别惦记靠加班弥补损失的时间

> 现在，
> 就是你生命中最重要的时刻。
>
> ——罗伯特·弗里茨

"没事儿，大不了加班呗！"这句话是杰克的口头禅。

白天的工作时间，杰克永远是办公室里最悠闲的员工；到了下班的时间，他才真正开始工作，到了九、十点钟才离开。在他看来，只要把工作做完就万事大吉，至于什么时间做，全凭自己的喜好决定！就算白天我什么都没做，晚上我可以熬通宵把损失的工作时间补回来！

杰克的想法，听上去似乎没什么毛病——把工作完成是重点，至于什么时间去完成，全凭个人的决定。事实上，的确有不少人都存在这样的想法。

曾经有人针对全球 500 强企业的 1 万多名员工进行调查，结果发现：在每周 40 小时、每天 8 小时的标准工作时间内，员工们每天真正用来工作的时间不足 6 小时，大约有 2.09 个小时都在做与工作无关的事情。针对这样的情况，有人提出了一条建议，核心与杰克的想法雷同：平时多加班 2 小时！

显而易见，杰克与提建议者秉持的逻辑是：延长工作时间，可以增加产出，提升完成任务的概率。然而，这只是他们的推测和预想，现实的研究表明：当一个人的工作时间超过 8 小时后，其工作效能会呈现递减的趋势！所以，即便是加班，也未必能扭转不良的影响。

为什么加班看似是一种弥补措施，实则效用低下甚至会产生负作用？

💡 原因 1：时间价值不均等

每一天都有 24 小时，但时间的价值不是均等的。早晨起床后的两三个小时，是头脑机能最好的时间段，早上 1 小时的时间价值，是晚上 1 小时的 4 倍！如果把大脑的黄金时间浪费在坐公交地铁、查收邮件、逛购物网页上，无异于巨大的浪费。

像杰克这样，幻想着靠加班弥补白天的工作时间，完全是一种"自以为是"的想法。到了下午和晚上，我们的身体和头脑都会感到疲惫，这个时候从事专注性工作，会显得力不从心。不仅耗费时间多，工作质量也难以保障。

🔆 原因 2：牺牲睡眠会影响健康

从效率和质量上讲，加班无法实现弥补的作用，如果因加班牺牲正常的睡眠时间，还会有损健康，甚至危及生命。科学数据显示：睡眠时间不足的人患上癌症的风险是一般人的 6 倍，患脑出血的风险是一般人的 4 倍，患心肌梗死的风险是一般人的 3 倍，患高血压的风险是一般人的 2 倍，患糖尿病的风险是一般人的 3 倍！

🔆 原因 3：加班会透支专注力

熬夜加班会有损健康，还会透支第二天的专注力，对次日的工作产生负面的影响。

在一项针对人们睡眠时间与大脑机能关系的研究中，研究员以每天睡 8 小时为基准，分别对比了每天睡 8 小时、6 小时和 4 小时的人的脑机能。

结果显示：连续 14 天每天只睡 6 小时或 4 小时的人，脑机能逐日下降。就算每天睡 6 小时，人的认知能力也会下降。另外的一项研究表明：为了维持白天脑清醒的状态，人每天需要 7~9 小时的高质量睡眠。

总之，我们都要重视时间价值，不虚度每 1 分钟的工作时间，这是一种负责任的态度，也是一种自我管理的能力。如果总是在应该认真做事时荒废精力，希冀着用加班弥补损失的工作时间，你会大失所望。因为加班没有想象中那么好用，还会在不知不觉中把你拉进深渊。

🧠 战拖速读导图

✕ **靠加班拯救拖延**

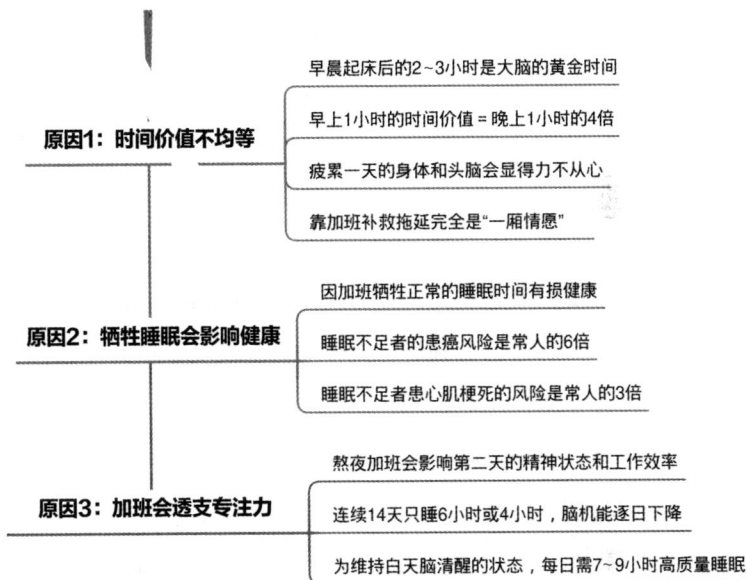

原因1：时间价值不均等
- 早晨起床后的2~3小时是大脑的黄金时间
- 早上1小时的时间价值＝晚上1小时的4倍
- 疲累一天的身体和头脑会显得力不从心
- 靠加班补救拖延完全是"一厢情愿"

原因2：牺牲睡眠会影响健康
- 因加班牺牲正常的睡眠时间有损健康
- 睡眠不足者的患癌风险是常人的6倍
- 睡眠不足者患心肌梗死的风险是常人的3倍

原因3：加班会透支专注力
- 熬夜加班会影响第二天的精神状态和工作效率
- 连续14天只睡6小时或4小时，脑机能逐日下降
- 为维持白天脑清醒的状态，每日需7~9小时高质量睡眠

自救指南　37

应对职业倦怠，要找出具体的原因

> 当你选择以轻松的方式生活时，
> 生活会变得很艰难；
> 但当你选择以艰难的方式生活时，
> 生活会变得轻松起来。
>
> ——乔伊·波利什

　　来访者晓雯，最近在工作方面遇到了一些烦恼。她自述总是觉得身心疲惫，临睡前想到第二天要上班就发憷，在公司里心情更是低落，脾气也变得越来越大。

　　之前，领导交代给晓雯的事情，她都会尽力做好，现在则是能拖就拖，拖到不能拖了才去做。听到同事说话她就心烦，只想戴着耳机；领导一来，她心里就发紧，特别不想和领导对话。

　　晓雯所在的行政部门，平时也负责招聘工作。上半年，公司走了几个业务员，一直没有找到合适的，业务部经理很着急，催促了晓雯好几次，希望赶紧招人填补空缺。晓雯在这件事上，明显感觉力不从心，每天查看七八份简历、面试一两个人，就觉得很累了。她打心眼里根本不想跟应聘者沟通，懒得说话，可行政部又没有其他人负责招聘，她只好硬着头皮去做。

以前做事积极的晓雯，现在满心怨气，还时不时地在网上刷新简历，看看有没有更好的工作机会。虽然她自己也不确定自己是不是真的想换工作，可无法投入工作的浑浑噩噩之态，实在令她厌烦至极。

当一个人长期从事某种职业，机械单调地重复某些事务，渐渐地就会产生疲惫、困乏乃至厌倦的心理，在工作中难以打起精神，只是依靠着惯性来工作。每一个职场人都可能会经历这样的阶段，加拿大著名心理大师克里斯汀·马斯勒将处于这一状况下的职场人称为"企业睡人"，形容他们在工作中休眠了，无法高效地处理问题。至于他们所遇到的问题，则可以用一个专业名词来形容——职业倦怠。

职业倦怠

职业倦怠，就是指无法顺利应对工作重压时的一种消极抵抗情绪，或者是因为长期连续处于工作压力下而表现出的一种情感、态度和行为的衰竭状态。严重的倦怠情绪，会让人丧失前进的动力，经常对生活和工作感到厌烦，备受拖延的困扰。

任何一份工作，无论是性质和内容是什么，在经过时间的磨砺和工作流程的熟悉后，都会产生倦怠。可以说，倦怠是工作本身不可避免的一部分，谁都有可能与它不期而遇。有一项调查显示：62%的人都曾经历过职场倦怠，且现代人产生职场倦怠的周期越来越短，有些人只工作了半年，就进入了职业倦怠期。

在面对职业倦怠时，不少人会想到辞职休假。这是缓解情绪的一个即时方法，但依靠外在去解决问题，终究是治标不治本。我们必须要找出诱发职业倦怠的根本原因，对症下药。

📊 应对职业倦怠的自救指南

👤 自救指南 1：转变对工作的认知，避免精神压力过大

当大脑长期处于高度紧张的状态，没办法得到正常的休息时，很容易产生疲惫、焦躁、抑郁等不良反应。比如：工作要求每个月必须完成一定量的任务，倘若不能完成，就拿不到提成，于是为了拿到报酬，许多人干脆"连轴转"，时间久了，就出现了不良反应。

处理这样的情况，最好的缓解方式就是：转变对工作的认识，意识到工作不是生活的全部。尽量把工作和生活区分开来，每天或每周拿出一点时间，彻底放松休息。

👤 自救指南 2：提升工作技能，走出胜任不足的状态

当工作能力与岗位要求不匹配时，很容易因胜任不足产生倦怠，感觉工作很吃力，看不到前途。面对这样的情况，要把精力放在提升工作技能上，多向同事和领导学习、请教，端正态度去应对工作中遇到的问题，切忌破罐子破摔。

💁 自救指南 3：打破自己的舒适区，寻求新的挑战

当工作流程熟稔于心，日复一日地重复，我们就会感觉毫无新意，渐渐丧失激情。这种因工作顺遂、游刃有余而产生的倦怠感，其本质是自我认知处于舒适区，不愿也不想打破舒适区。在这种状态中，人是很容易沉迷的。面对这样的职业倦怠，需要加强忧患意识，在工作中主动寻求新的挑战，去承接难度更大的工作。

提到新的挑战，你可能会想到换工作，这也是不少人应对职业倦怠的一种选择。其实，跳槽带来的变化只是形式上的——环境、待遇或职称，但工作内容未必有质的改变。待浮于表面的新鲜感过去后，倦怠还会重来。只有跳槽带来的是新的工作内容，迫使你走出舒适区，去学习和进步，你才能真正地走出倦怠。从这一点上来说，就算不跳槽，在原有的工作中寻求难度更大的项目，一样可以解决问题。

🖋 战拖速读导图

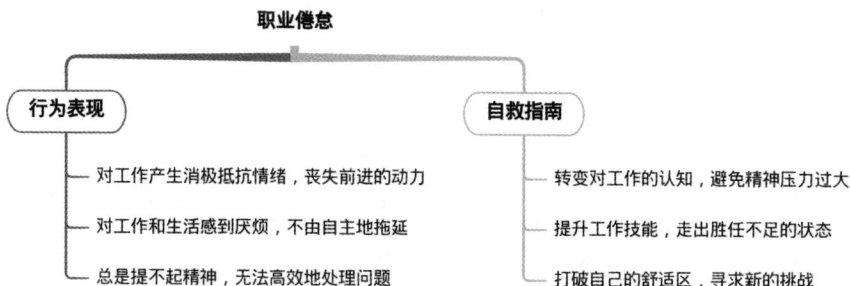

职业倦怠

行为表现
- 对工作产生消极抵抗情绪，丧失前进的动力
- 对工作和生活感到厌烦，不由自主地拖延
- 总是提不起精神，无法高效地处理问题

自救指南
- 转变对工作的认知，避免精神压力过大
- 提升工作技能，走出胜任不足的状态
- 打破自己的舒适区，寻求新的挑战

自救指南 38

与消极懒散的人刻意拉开距离

> 机会只敲一次门，
> 而诱惑则在不停地按你的门铃。
>
> **——佚名**

　　没有人能够完全摆脱社交网络，与什么样的人在一起，直接影响我们的状态。特别是碰到了拖延症患者，你原本坚定信念想要一鼓作气地做好自己该做的事，可他们却在你耳边不停地发出充满诱惑力的"召唤"，结果，你可能就忍不住凑了上去。等你回过神来时，才发现那些"诱惑"都是无聊至极的东西，可惜，时间已经浪费了，回不来了。

　　以上的情景，在张浩的生活中经常发生。更为严重的是，他身边还有一个消极怠工的家伙，整天在他面前不停地晃荡，向他宣扬"工作无趣""人生无望"的口号，让他闹心至极。张浩形容自己说："我就是一个普通青年，没有超强的自控力，可以做到视而不见、充耳不闻。我现在正处于迷茫期呢！每天看见他的懒散样，听着他的消极语录，情绪一落千丈。"

我完全理解张浩的处境与感受，周围有一个消极怠工的同事，喋喋不休地传递着负能量，确实影响心情。但是，不能因为有这样的人存在，我们就跟他一起"随波逐流"，这不是理性的处理方式。在消极因素的干扰之下，我们要学会努力为自己营造积极的氛围。

应对消极懒散者的自救指南

自救指南 1：专注于自己的事，忽视懒散者的言行

罗宾斯说过："我们会花更多的时间去关注那些偷懒的同事，而不是专心于自己的工作。"当你周围有消极懒散者，终日处于浑浑噩噩的状态中时，不管他在做什么，都不要去琢磨他，而是要专注于自己的事。当你成功地屏蔽他的言行，完成了一项任务时，你会产生一种成就感，这种美好的感觉会带给你更多正向的力量。

自救指南 2：谈及与工作无关的事时，不要被诱惑

懒散的人有一个毛病，做事时总是"开小差"，一会儿喝杯咖啡，一会儿去趟厕所，一会儿再看看新闻，有时还会找旁人聊聊天。当他找到你，谈及与工作无关的事时，千万不要被诱惑。一旦你被他诱惑了，拖延就会立刻出现，结果就是你必须为这一刻的闲聊，付出加班的代价。你要坚定地告诉对方："我现在正忙，

回聊。"你的拒绝，可以让对方了解到你的态度，识趣地不再"拉拢"你。

🐾 自救指南 3：划分清楚职责，避免受到牵连

跟懒散的人合作是最要命的事，如果偏偏不凑巧，你所在的团队就有这样的人，那你一定要摆明态度，事先划分清楚职责，并且还要让团队的其他成员都知道——懒散者负责哪一个环节！这样做的目的，是防止他把消极怠工导致的麻烦推给你（或他人）。在大家都知晓的情况下，可以有效地保证无辜者不受牵连。

🐾 自救指南 4：刻意疏远懒散之人，与积极的人为伍

如果整天跟悲观消极的人聊天，情绪难免会受到影响，总要花费一点时间才能把自己从坏情绪中拉出来。这种不必要的精力耗费能省则省，对懒散的拖延者不妨刻意拉开距离，多与积极向上、行动力强的人为伍，这也是对自己的一种保护。

其实，为自己营造积极的工作氛围，没有固定的标准，大家可以根据自身的情况设立适用于自己的规则。有了这样的"框架"，即便周围存在拖拉消极的人，不断地发出抱怨声，我们也可以稳住自己的心，及时提醒自己该做什么，不该做什么。

战拖速读导图

应对消极懒散者的自救指南

❶ 专注于自己的事，忽视懒散者的言行

❷ 谈及与工作无关的事时，不要被诱惑

❸ 划分清楚职责，避免受到牵连

❹ 刻意疏远懒散之人，与积极的人为伍

自救指南　39

> 我们怎样度过一天，
> 就会怎样度过一生。
> ——安妮·迪拉德

"又到星期一了！"栗子小姐刚被闹铃吵醒，就忍不住发出一声哀叹，躺在床上露出一副无精打采的神情。她想到，经理要的一份报告还没写完，一批待审核的项目规划还在办公桌上，还有下午的会场安排……昨天她2点钟才睡觉，现在脑子懵懵的，完全不想动。

无奈，起床的时间已经到了，且星期一很容易堵车，栗子小姐再不情愿，也得从床上爬起来了。她没有吃早饭，给自己冲了一杯咖啡，就随身带着出门了。

星期一意味着又要开始忙碌而辛苦的一周了。所以，对不少职场人来说，星期一就是"黑色"与"灾难"的代名词。这种惊恐和抗拒，甚至在周日的傍晚就会提前到来。在这种心理的影响下，人很难打起精神做事，而拖延导致的低效状态，又会进一步加重忧郁和烦躁。

无奈的是，星期一不是"偶然"，它会周而复始地出现。我们不能每次都"坐等"它过去，而是要积极地想办法打破恶性循环，与"星期一综合征"挥手道别。

如何远离"星期一综合征"？

自救指南 1：周五的放松要适可而止

在多数人看来，从周五晚上一直到周日晚上，都属于"假期"。所以，休息日的计划，往往从周五晚上就开始了。对于忙碌了一周的学生和上班族来说，周五晚上的幸福感是最强烈的，终于可以松一口气，做点自己喜欢的事了。

无论选择什么样的休闲方式，都是为了缓解身心的疲惫，只是有一点要提醒大家：周五晚上不要太过放纵，如熬通宵打游戏、唱 KTV 到凌晨两三点，把所有的精力都在这一晚上释放出去。这样做会打乱作息时间，导致周六疲惫不堪。

自救指南 2：周六可通过运动缓解脑疲乏

周六的时间，可以安排一些耗费体能的活动，如爬山、打球、远足等。运动可以让大脑分泌多巴胺，感到兴奋和快乐，缓解头脑的疲乏，带来敏捷的思维。重归自然的休闲活动，对身心是一种极大的滋养。和大自然待在一起，能让人敞开内心，释放压抑的情绪。

⚬ 自救指南 3：周日做一点放松身心的事情

周日适合安排一些能够放松身心的事情，如安静地读书、看一部电影，给自己和家人制作一些美食等。这样的活动比较惬意和放松，不容易产生强烈的刺激，可以让心绪保持平稳，有利于我们从"休息日"顺利地过渡到"工作日"，更好地恢复工作状态。

⚬ 自救指南 4：把周日晚上视为新一周的起点

到了周日的晚上，有些朋友就会产生一丝恐慌感，因为星期一即将到来。那么，要怎样来应对这种恐慌呢？继续放松不可取，它会加重不安，使得星期一难以"收心"。

最有效的方法是，把星期日的晚上视为新一周的起点，在这个时间段里，不必做具体的工作，但可以对下一周的工作做一个简单的规划。在这个过程中，我们的脑海中会逐渐浮现出清晰的工作思路，提前让自己进入工作状态。如此，到了星期一早上，我们就不必再预热，可以直接投入工作中，有效地保证了星期一的工作效率。

按照上述的方法试验一下，你可能会发现，星期一也没那么可怕和糟糕。同时，这些方法也适用于其他节假日，能帮助我们克服"节后综合征"。

战拖速读导图

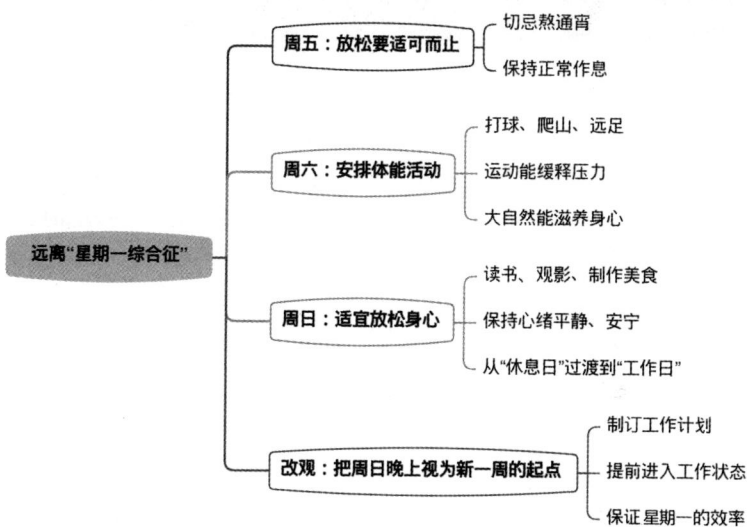

远离"星期一综合征"
- **周五：放松要适可而止**
  - 切忌熬通宵
  - 保持正常作息
- **周六：安排体能活动**
  - 打球、爬山、远足
  - 运动能缓释压力
  - 大自然能滋养身心
- **周日：适宜放松身心**
  - 读书、观影、制作美食
  - 保持心绪平静、安宁
  - 从"休息日"过渡到"工作日"
- **改观：把周日晚上视为新一周的起点**
  - 制订工作计划
  - 提前进入工作状态
  - 保证星期一的效率

自救指南 40
放弃"凡事必须亲力亲为"的想法

> 借别人的鞋子,
> 比打赤脚跑得快。
>
> ——佚名

《圣经》里有这样一个故事:摩西率领以色列子民请求上帝,希望能够赐予他们领土。此时,摩西的岳父发现,摩西的工作已经超过了他所能承受的负荷,如果不及时地阻止他,他必然疲惫不堪,而以色列所有的子民也会继续身陷囹圄。

于是,摩西的岳父杰罗塞找到他,劝说道:"你这样做是不行的,会把自己累垮。如果你累垮了,没办法带领子民,以色列会陷入群龙无首的恐慌和灾难中!听我说,你不能再什么事都亲力亲为了,把你手下的人分成几个小组,每组1000人;再将这1000人分成10组,每组100人;再将这100人分成2组,每组50人;再将这50人分成5组,每组10人。你在每组中选出一个组长,让他来解决小组遇到的问题;当组长遇到了无法解决的问题时,再让他来找你。"

摩西听取了杰罗塞的建议，并立刻执行。果然，他发现自己有了更多的时间和精力去处理那些一直拖着没能去做的要事了！他的子民在遇到事情之后，也不再像从前那样慌慌张张，而是学会自己想办法。事实也证明，他们完全有能力把问题解决好。

如果你身在企业的管理层，那么这个故事蕴含的寓意，你一定不会陌生。

如果你希望自己的时间更有价值，渴望提升自己与时间之间的默契，就要放弃"凡事必须亲力亲为"的想法，学会授权。肯·默雷尔在《有效授权》一书中是这样定义授权的："授权，是对权力进行一种创造性的分配，是对责任的分担。"所谓创造性的分配，就是通过权力的下放和分配，让管理者与被管理者之间形成一种良性的互动关系。

授权是一门管理艺术，而不是简单粗狂地将手中的权利和义务交给一个自认为信得过的人，然后心安理得地坐等结果。倘若对方很有责任心，也许能够递交给你一份相对满意的结果，节省你的时间和精力；但如果对方不可靠，结果可能比你亲力亲为的效率还要低。

💡 怎样确保有效授权？

那么，怎样授权才能实现预期的初衷，避免"所托非人"的结果呢？

🦥 自救指南 1：不要直接授权，要进行培养和带领

如果你觉得，某个下属有能力独立执行某项权力，记得不要直接授权给他。你可以先选择一项可以相互配合的工作，你们两个一起去完成。在完成工作的过程中，对他进行培训、考察，逐渐让他承担更多的责任，而后再赋予他相应的权力。

🦥 自救指南 2：授权之前，让对方拟订详细的工作计划

有些管理层的朋友，一股脑地把权力给了某个下属，而被授权的这个人心里"没有底"，顿时就慌了。其实，最好的办法应该是：在授权之前，先让授权对象制订一份完整的工作计划。这既是一种暗示，让他有所准备；也是一种考验，判断他是否具备承担这份权力的能力。

🦥 自救指南 3：当计划赶不上变化时，让被授权人自主决策

有些人授权之后，总觉得不太放心，尤其是在情况有变的时候，更是加剧了他们的焦虑。我们要认识到一点：授权的最意义在于，希望有人可以在关键时刻为你分忧解难，减少你的工作量和精力耗损。如果你不能培养被授权人的这种能力，授权毫无意义。当情况有变时，一方面你要紧密关注情况的变化，另一方面不要有点风吹草动就从暗中"杀出来"，试图夺回权柄改变局面。不妨多一些耐心，考察一下授权的对象是否有能力独立解决问题。

无论是普通员工还是管理者，都应当把精力用在刀刃上，避免因处理过多琐事而延误重要的大事。授权的意义，就是把管理者从鸡毛蒜皮的琐事中抽离出来，专注心力去执行战略层面的任务，让"付出与收益"变得更有价值！

战拖速读导图

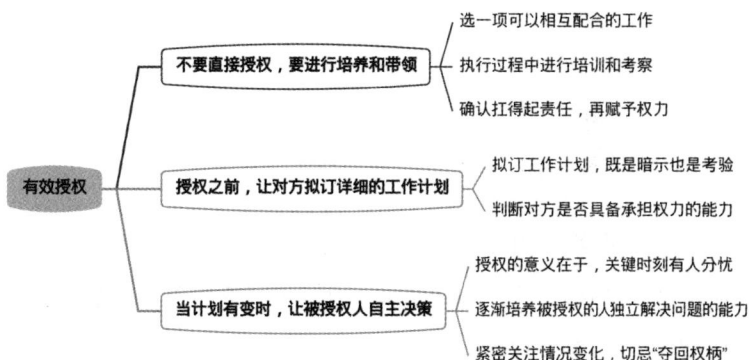

有效授权

不要直接授权，要进行培养和带领
- 选一项可以相互配合的工作
- 执行过程中进行培训和考察
- 确认扛得起责任，再赋予权力

授权之前，让对方拟订详细的工作计划
- 拟订工作计划，既是暗示也是考验
- 判断对方是否具备承担权力的能力

当计划有变时，让被授权人自主决策
- 授权的意义在于，关键时刻有人分忧
- 逐渐培养被授权的人独立解决问题的能力
- 紧密关注情况变化，切忌"夺回权柄"

自救指南 41

> 智慧的艺术，
> 就在于知道应该忽略什么的艺术。
>
> ——威廉·詹姆斯

公司派萨姆到国外进行商务谈判，原计划是准备跟 5 家规模不同的公司进行会谈，时间是半个月。为了争取更好的结果，萨姆率先选择了发展规模最大、实力最强的企业进行洽谈。只是他没料到，这次会谈可谓"出师不利"。

由于对方是跨国公司，一直希望可以借助潜在合伙伙伴的力量来拓展中国及亚洲的市场。所以，它希望合作伙伴有强大的实力和市场资源，或是丰富的商业渠道。然而，萨姆所在的公司，根本无法满足这些条件，因而未能博得对方的青睐。

萨姆没有理性地分析客观情势，而是自顾自地坚信，只要把握住和对方的合作机会，就能借助他们的实力快速打开欧洲市场。四天过去了，萨姆的一厢情愿并没有让谈判工作获得任何进展，而他却坚持不放手，总惦记还有反转的机会。萨姆又在这家公司身上耗费了 2 天的时间，直至对方明确表明，这次谈判就此终止，他才心灰意冷地离开。

由于在这家跨国公司身上浪费了太多的时间，萨姆已经没有足够的时间去跟剩余的几家公司认真商谈了。最后，这场欧洲之行以失败收场，萨姆因办事不力遭到了领导的批评。

不难看出，萨姆的出发点是好的，可他犯了一个严重的错误，就是未能认清客观情势，根据局势变化作出合适的选择，导致自己在无法企及的目标上浪费了大量的时间，从而影响了其他的工作。类似这样的事情，在我们身边也经常会发生，比如：有些人很固执、很倔强，总惦记"挑战"自我，不考虑实际情况，不思索能否做得来，也不顾结果如何，就是要去"逞能"一番。结果，不仅浪费了时间，事情也没做好，还制造了更多的麻烦。

对每个人而言，时间都是有限的，一天的工作时间最多可能达到 16 个小时乃至更多，如果把时间耗在那些"实力不足以完成"的事情上，整体的工作就会停止，其他工作所需的时间也会被挤压。与其死撑，不如将这份工作交给更有能力的人去做。

停止"内耗"的自救指南

就工作而言，我们要让每一分付出都有价值，而不是一厢情愿、罔顾客观现实，盲目地逞能，陷入浪费时间和精力的"内耗"之中。在这里，给朋友们提供两点建议。

⏱ 自救指南 1：拒绝做"无用功"

倘若自己现阶段的能力不足以完成某项任务，那么，没必要刻意逞强，不妨交给其他人去做。清醒地认识自我是一项重要的能力，交给其他人去做，不代表你就是"失败者"或"无能"，要用成长型思维去看待自己。同时，也可以向其他人学习处理此类问题的方法。如果做不来非要死撑，那才是"无用功"，不仅无益于自身的成长，还会影响工作的正常进展，甚至到了最后关头，还要其他人来"救急"，帮忙收拾残局。

⏱ 自救指南 2：脚踏实地，积累经验

逞能的背后往往是好高骛远，脑子里装了太多不切实际的想法，总希冀着做出惊天动地的事情，从而引来他人的仰慕，成为众人的焦点。殊不知，伟大都是熬出来的，需要点滴的积累，有一个从量变到质变的过程。心存高远是好事，但需要脚踏实地。否则的话，不但得不到那些不切实际的东西，还可能失去眼前拥有的。

总之，无论做什么事都不要盲目地逞能，这是费时又费力的选择。把这些时间充分用在自己会做的、能做好的事情上，多创造一些价值和效益，更明智、更现实。

战拖速读导图

实力不足以完成的事

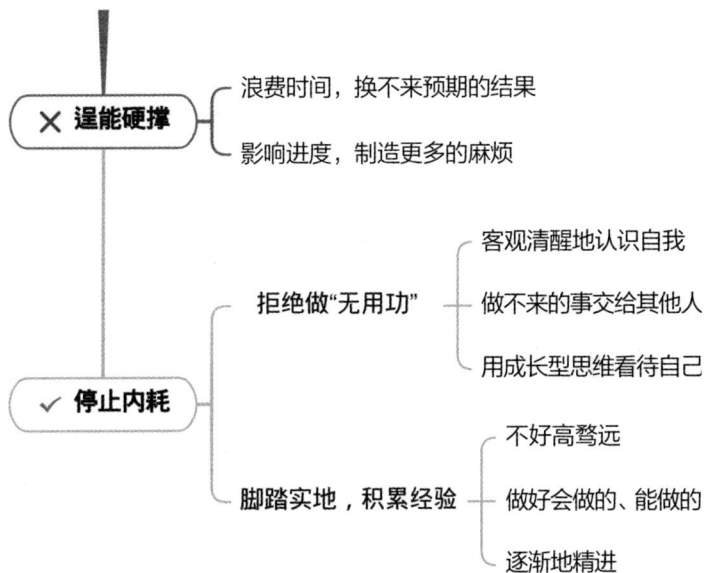

× **逞能硬撑**
- 浪费时间，换不来预期的结果
- 影响进度，制造更多的麻烦

✓ **停止内耗**
- **拒绝做"无用功"**
  - 客观清醒地认识自我
  - 做不来的事交给其他人
  - 用成长型思维看待自己
- **脚踏实地，积累经验**
  - 不好高骛远
  - 做好会做的、能做的
  - 逐渐地精进

自救指南 42

少一点未完成事件，就少一点内耗

> 人类天生就有将事情做完，
> 让需求得到完全满足的倾向。
>
> ——佚名

　　小蕊昨天和男友吵架了，两人闹起了冷战，至今谁也没联系谁。

　　经过了二十个小时的冷却期，小蕊已经意识到了，昨天是因为她说了那些刺耳的话，才彻底激怒了男友。想起这一点，她也涌起了自责。小蕊想发消息跟男友道歉，可又碍于面子不好意思主动开口，就一直僵持着。

　　上班路上，小蕊不停地回顾昨天发生的事，反复思索那些想说而未说的话，以至于差点儿坐过了站。到了公司，同事跟她打招呼，她表面点头示意，实则心不在焉。至于工作，更是没心思投入，整个上午都心神恍惚，不停地打开微信，查看男友是否发来消息。这一场未解决的吵架风波，几乎占据了小蕊全部的心思。

　　有人曾在白纸上画一段圆弧，结果发现，经过白纸的孩子多半都会很自然地拿起笔补上线段，让圆弧变成一个完整的圆。更令人惊奇的是，不只是小孩子，就连大猩猩也有这样的癖好。这是因为，人类天生就有把事情做完，让需求得到完全满足的倾向。没有完成的事件，无法满足的需求，会一直牵引着我们心灵的注意。

💡 未完成事件会消耗心理资源

德国心理学家库尔特·考夫卡，曾经做过这样一个实验：

将受试者分成两组，同时完成一道有难度的数学题，一组给予40分钟的解题时间，另一组只给20分钟的解题时间。结果发现，那些已经完成题目的人，在第二天的回访中很快就忘记了题目的内容，而那些没有充裕的时间去完成测试题的受试者，依然能够清晰地回忆起题目的细节。那道没有做完的题，成了一个"未完成事件"，占据着受试者的心理空间，消耗着他们潜在的心理资源，有些人甚至在吃饭的时候，依然在回想并思考这道题。

从这一角度来说，拖延给人带来的伤害，就是让原本该解决和处理的问题变成一个持续存在的未完成事件，占据心理空间，消耗心理资源。积累的未完成事件越多，消耗的能量越大，也就越无法聚焦于当下，全情投入到该做的事情中，继而制造更多的未完成事件。

未完成事件，不仅指那些没有完成的事，也包括未满足的情感。在心理咨询工作中，处理较多的往往是后者，比如：一段关系的崩裂、一个不告而别的人，总是令人难以接受。这种缺憾是持续的，因为没有做好充分的心理准备，对于这种不确定性事件的发生，人们会感到猝不及防，很难在短期内接受，继而引发焦虑和痛苦。

在上述案例中，小蕊和男友吵架闹冷战，这件事情就是和情感有关的。她没有及时地解决关系冲突，整个人的思绪都被卡在了这件事上，致使自己无心做其他的事情。如果这件事一直不解决，甚至闹到了分手的地步，那么小蕊的这种状态还会持续或加剧。在负面情绪的影响下，低效、拖延、沮丧、抑郁等各种问题都会相继涌现。

你可能听过一句话："时间是最好的良药。"事实上，那些未能完成的、令人遗憾的、无法释怀的东西，时间是没办法替我们解决的。用这样的方式有意无意地去逃避面对心中的遗憾，最后的结果就是被"未完成事件"所控制。

没有谁能真正逃开它们，只有真正接受心灵深处那些"未完成事件"，鼓起勇气重新经历它们，为每一个结果负责，才可能获得心灵上的自由。

在心理咨询中，未完成的情结一旦形成，通常要借助宣泄与补偿的方式来进行纠正。当事人要增加对此时此刻的觉知，认识并清理那些被压抑的情绪和需求，继而获得人格上的完整。如果我们在生活、工作和情感中发现了"未完成事件"，可以通过专业的心理咨询，使潜意识意识化，重建对一些重大问题的认知，从而找到针对性的解决办法。例如，写一封私密的信、角色扮演、心理剧等，面对并接纳自己的过去，走出"未完成事件"。

同时，我们也要避免在当下的生活中继续制造"未完成事件"。在情感上的问题上，要及时沟通解决，让压抑的情绪得到舒缓；

在工作和学习的问题上，要杜绝拖延。任何时候都不要抱有"先这样吧""等一会儿""明天再做"的想法，该解决的问题、该完成的任务，立刻就去做，1秒也不要推迟。选择执行后，也要一气呵成，不要中途磨磨蹭蹭、拖拖拉拉，避免因松懈和懒散把既定的任务变成"未完成事件"，为之消耗宝贵的思想精力与心理能量。

战拖速读导图

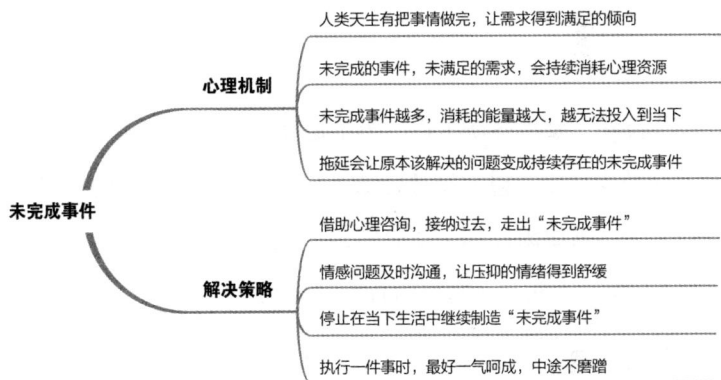

未完成事件

心理机制
- 人类天生有把事情做完，让需求得到满足的倾向
- 未完成的事件，未满足的需求，会持续消耗心理资源
- 未完成事件越多，消耗的能量越大，越无法投入到当下
- 拖延会让原本该解决的问题变成持续存在的未完成事件

解决策略
- 借助心理咨询，接纳过去，走出"未完成事件"
- 情感问题及时沟通，让压抑的情绪得到舒缓
- 停止在当下生活中继续制造"未完成事件"
- 执行一件事时，最好一气呵成，中途不磨蹭

自救指南 43

> 艰难的工作之所以变得艰难，
> 是因为你选择在错误的时间处理一件原本很简单的工作。
>
> ——伯纳德·梅尔泽

　　欣悦在一家事务所工作，为了提高办事效率，她制作了七八枚不同的橡皮章，包括年月日章、裁决章、姓名章、住址章……这样一来，需要附加哪一项内容，就可以直接用橡皮章解决，既节省了时间，又解放了写字的右手。

　　不仅是橡皮章，欣悦还有不少其他的提效方法。每次完成一项任务后，她都会把工作中所用的方法和经验总结出来，制作成档案存放。这一套工作程序出来后，待后续有同事进行类似的项目时，就可以直接作为参考，大大地节省了时间和精力。

　　有些工作需要发散性思维，需要拿出颇具创意的成果；也有一些工作，需要反复操作某一程序，略显枯燥和乏味。这样的工作，很容易让人感到厌烦，想要避免因厌恶情绪导致的拖延和低效，就要学会规格化和统一化管理，减少不必要的时间与精力的浪费。

172

如何减少重复性操作？

自救指南 1：需多次书写的内容，可进行规格化

需要经常书写的同样内容，可以制作成橡皮章，进行规格化管理。在需要时直接在文件上印上该文字、数字，会方便很多，任何人都能够独立完成。

自救指南 2：对收集的资料进行统一规格化复印

现代办公室中，复印机是很常见的工具，活页复印可以很方便地储存、整理大量的情报，有效减少时间和精力的支出。复印这项工作很简单，但复印后的整理工作，许多人都做得不太理想。即便是把重要的情报影印了，但如果处理工作没有做好，那么这种复印也会变得没有意义。

有些人在杂志上看到有用的消息，便将其复印存档，这个思路是正确的，但方法需改进。

影印的目的是方便情报的使用，达到东西一取出即能用的程度，如果把东西简单地粘贴在一个本子上，就会很难更换和添加；放在文件袋里，又不太好找。所以，我们不妨采取活页式复印，活页式归类分档。这样的话，任何时候取阅都很方便。复印用的活页纸，纸张尺寸都要统一，便于整理。

🕙 自救指南 3：档案的尺寸、薄厚规格要统一

档案可采用规格统一的纸张来复印和整理：如果档案的大小、薄厚不同的话，整理起来会很费劲。如果从一开始就统一样式，便可以缩短查阅时间，且会让复印和整理变得轻松。

现在的复印纸有 A 开和 B 开两种规格，在复印时有些许的不同：A4 在复印时可印较 B5 版面大的文件，而 A3 可印更大的版面，但 A3 需要用较大的机器，综合考虑，B5 最合适。

总而言之，把所有能够标准化的工作全都标准化，让所有人都按照这个标准来做，这样即便监管的人不在，也不容易出错。当工作内容标准化之后，还要立刻找出一套可复制的流程，将其系统化。切记：生活和工作有系统，才能有效率。

🧠 战拖速读导图

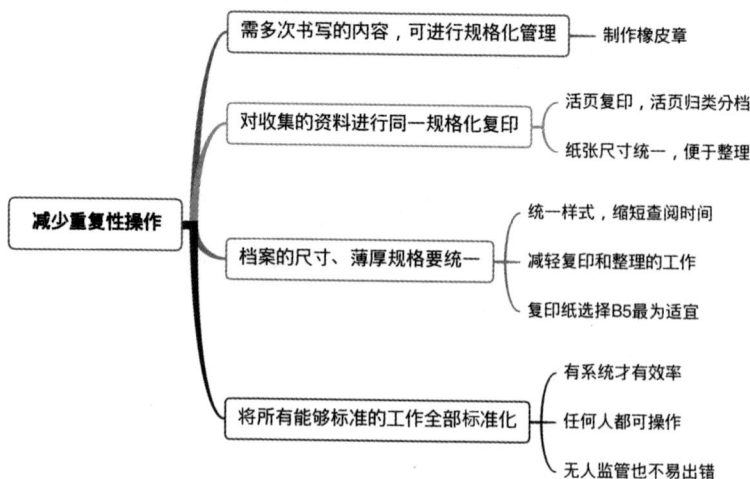

减少重复性操作
- 需多次书写的内容，可进行规格化管理 —— 制作橡皮章
- 对收集的资料进行同一规格化复印
  - 活页复印，活页归类分档
  - 纸张尺寸统一，便于整理
- 档案的尺寸、薄厚规格要统一
  - 统一样式，缩短查阅时间
  - 减轻复印和整理的工作
  - 复印纸选择B5最为适宜
- 将所有能够标准的工作全部标准化
  - 有系统才有效率
  - 任何人都可操作
  - 无人监管也不易出错

⏰ 再拖延人就废了：拖延症患者的 54 条自救指南

自救指南　44

> 提出正确的问题，往往等于解决了问题的大半。
>
> ——海森堡

森林管理员走进一片丛林，认真地清理灌木丛。

费尽千辛万苦，他终于清除完了这片灌木丛，刚直起身来准备享受一下辛苦劳作后的乐趣，却忽然发现：旁边还有一片丛林，而那才是真正需要他去清除的任务。

大量研究表明，在工作中，人们总是依据各种准则决定事情的优先次序。有一项关于"人们习惯按照怎样的优先次序做事"的调研，其结果大致如下：

先做有趣的事，再做枯燥的事。

先做熟悉的事，再做不熟悉的事。

先做容易做的事，再做难做的事。

先做别人的事，再做自己的事。

先做喜欢做的事，再做不喜欢做的事。

先做已发生的事，再做未发生的事。

先做紧迫的事，再做不紧迫的事。

先做经过筹划的事，再做未经筹划的事。

先做已排定时间的事，再做未经排定时间的事。

先处理资料齐全的事，再处理资料不齐全的事。

先做只需花费少量时间即可做好的事，再做需要花费大量时间才能做好的事。

先做易于完成的事或易于告一段落的事，再做难以完成的事或难以告一段落的事。

先做自己所尊敬的人或与自己有密切利害关系的人所拜托的事，再做自己所不尊敬的人或与自己没有密切利害关系的人所拜托的事。

上述的这些准则，只是多数人的思维习惯，但均不符合高效工作方法的要求。

效率 VS 效能

管理大师彼得·德鲁克说过："效率是以正确的方式做事，而效能则是做正确的事。效率和效能不应偏颇，但这并不意味着效率和效能具有同样的重要性。我们当然希望同时提高效率和效能，但在效率和效能无法兼得时，应先着眼于效能，然后再设法提高效率。"

在德鲁克的这段话中，效率 VS 效能，正确地做事 VS 做正确的事，是两组并列的概念。日常工作中，我们关注的重点通常是"效率——正确地做事"，就像森林管理员一样，用最快的速度清除灌木丛；实际上，比效率更重要的问题是"效能——做正确的事"，保证自己所做的事情是对的，是有意义的。

从时间管理的角度来说，做正确的事情，往往能为我们的工作提供一种思路和方向，接下来，我们只需按照这个方向或目标去做事就行了。此时，我们是在一个相对稳定的方向上努力着。然而，把事情做对，仅仅是工作的过程，虽然也强调了效率，可如果不能把效率用在正确的方向上，所谓的效率就只会造成更严重的伤害。

正确地做事，无疑能让我们更快地朝着目标前进；如果做的不是正确的事，那么所有的努力都变得毫无意义。很多时候，选择比努力更重要。选择是方向的问题，选择错了，方向就错了，努力就成了白费。

如何确保做正确的事？

自救指南 1：站在全局的高度思考问题

当多种问题同时存在时，要站在全局的高度思考问题，避免短视。有些问题之间是有关联的，有些问题之间则不存在关联。对于有关联的问题，要作为一个整体去研究解决策略；对于不存在相关性的问题，要进行识别分类，以此提升解决问题的效率。

自救指南 2：行动之前，确认自己在解决根本问题

工作是一个处理和解决问题的过程，有时问题和解决办法就

摆在眼前，但有时却需要层层剥茧，找出真正的根源问题。所以，在行动之前，你必须确认自己正在解决的问题是根本问题。切记要忙在点子上，解决最重要的、最根本的问题。

🧑 自救指南 3：懂得说"不"，专注自己的进度

高效能人士都懂得说"不"，任何干扰他们专注力的人和事，都被统统抛在工作之外。我们也要培养这样的能力，不要让额外的要求扰乱自己的工作进度。当犹豫要不要答应对方的要求时，先问问自己：我想做什么？不想做什么？什么对我来说才是最重要的？如果答应了对方的要求，是否会影响进度？这样做的结果是否会影响到他人？就算答应了，能否真的达到对方的期望？想通了这些问题后，就不难做决定了。

养成只做正确之事的习惯，时刻专注于有效的工作，你的工作效能将会得到大幅提升。唯有时刻忙在点子上，才不会浪费时间，让付出变成一场徒劳。

📖 战拖速读导图

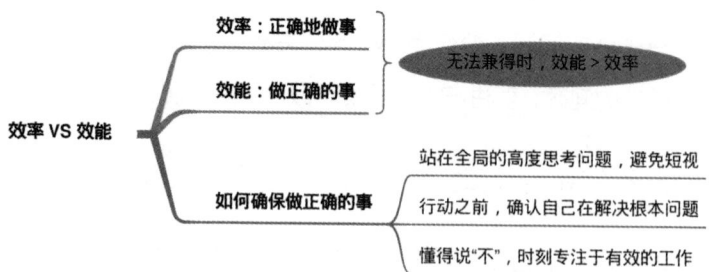

效率 VS 效能

- 效率：正确地做事
- 效能：做正确的事

无法兼得时，效能 > 效率

如何确保做正确的事
- 站在全局的高度思考问题，避免短视
- 行动之前，确认自己在解决根本问题
- 懂得说"不"，时刻专注于有效的工作

自救指南　45

时不时地离开工作，让大脑放松一下

> 时不时离开工作放松一下，是个非常好的习惯。
> 当你回到工作时，作出的判断会更加准确，
> 而持续工作会降低你的判断力。
>
> ——达·芬奇

　　鱼鱼正在学习一款全新的制图软件，为了尽快地掌握这项技能，他简直快到了废寝忘食的程度，经常一坐就是一整天，晚上也熬到半夜。结果，学习的效果并没有他预想得那么好，大脑也变得愈发"迟钝"。渐渐地，鱼鱼的学习热情降低了，偶尔因为疲乏，连线上的直播课程他也懒得听了。老师一共安排了 7 个项目的作业，他已经拖延迟交了 2 个。

　　大脑只占体重的 2%，可它需要人体 25% 的氧气供给，因为思考需要耗费巨大的精力。长时间连续工作，并不是高产出的最佳途径，它只会让五感变得迟钝。当我们的大脑得不到足够的恢复，就会导致我们判断失误，降低创造力，甚至无法合理地评估风险。

　　如果你经常跟着手机软件中的运动课程一起训练，尤其是抗阻训练，你会发现：任何一个动作，在完成一组训练后，都

会安排间歇休息，目的是让我们的肌肉得到休息，然后继续下一组的训练。思维和肌肉一样，也需要用间断性的休息来获得再生。

身为一名文字工作者，我深知灵感的重要性。但说实话，那种忽然给头脑带来冲击与启发的感觉，并不会经常存在，它更像是瞬间一现的昙花。更有意思的是，我几乎没有在工作时获得过灵感，反倒是在跑步、喝茶、听音乐，或是沐浴、晒太阳的时候，会忽然间灵机一动，诞生一些想法和感悟。

不只是普通人如此，那些富有创造力又高产的艺术家，也需要定期地放下工作，在白天里小憩一下，恢复思维精力。据说，达·芬奇在创作《最后的晚餐》期间，为了保持稳定的产出，有时会在白天花几个小时做梦，不管圣母感恩教堂的副院长怎么催促，他都坚持按照自己的节奏来。后来，达·芬奇在《论绘画》中解释道："时不时离开工作放松一下，是个非常好的习惯。当你回到工作时，作出的判断会更加准确，而持续工作会降低你的判断力。"

♟ 迸发创造性灵感的自救指南

间歇性休息可以促使精力再生，这一点我们已经知晓，但是间歇性休息该怎样进行呢？有什么办法能让我们在有限的时间里，更多地迸发出创造性的灵感呢？

🕰 自救指南 1：结合精力曲线，找对间歇性休息的时间

人的精力是一条波动的曲线，有高低之分。我们之前提到过"精力峰值"的概念，当精力值处于高点的时候，最好选择处理重要的事务；待精力值逐渐滑落至低点，自己感觉很疲惫时，就要用间歇休息来放松一下，让思维精力再生，重获灵感。

🕰 自救指南 2：找到并记住可以给你带来灵感的事情

在平日的生活中，多留意一下自己在做哪些事情的时候，既感到舒适放松，又能萌生出想法与感悟。如果有的话，将其作为灵感获取源，在间歇休息时不妨做这些事，帮助自己恢复思维精力。就我个人而言，看书、看电影、泡茶，都属于我的灵感产生机制。

🕰 自救指南 3：随时随地记录一闪而逝的灵感和想法

很多人都有过"忘记灵感"的遗憾，在做某一件事情或看到某一情景时，脑子里灵机一闪冒出了一些想法，但因为没有及时记录下来，过后怎么也想不起来了。鉴于此，我们可以准备一个专用的小本，或是制定一份电子手账，养成随时随地记录灵感的习惯。休息的时候，适当翻看一下，说不定当初的灵感会给现在的自己提供思路。

战拖速读导图

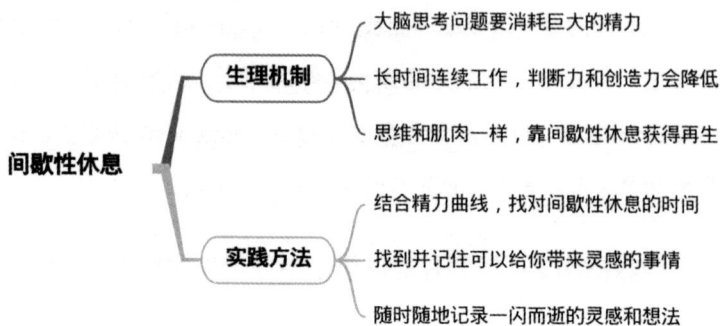

间歇性休息

生理机制
- 大脑思考问题要消耗巨大的精力
- 长时间连续工作，判断力和创造力会降低
- 思维和肌肉一样，靠间歇性休息获得再生

实践方法
- 结合精力曲线，找对间歇性休息的时间
- 找到并记住可以给你带来灵感的事情
- 随时随地记录一闪而逝的灵感和想法

自救指南 46

> 有三种东西可以保证人们愉快地工作：
> 他们必须适合这项工作；
> 他们不会投入超出承受能力的精力；
> 他们必须相信自己能够成功。
>
> ——约翰·鲁斯金

忙碌了大半年，张芮总算赶在中秋节之际申请了年假，希望能多休息一段时间。

假期才过了三天，张芮就有点儿"不适应"了，他感觉越休息越累。想看看书，学习一会儿，刚坐下来就感觉浑身都软绵绵的，还不停地犯困。照理说，前一天晚上并没有熬夜，足足睡了10个小时呢！打开电脑，想做点儿简单的工作，不需要太费脑子的，可还是没办法集中精力。午后，他小憩了一会儿，没想到睡了一觉之后，更觉得提不起精神了。

原本安排在假期看的三本书，连半本也没看完；计划好刷一刷平日里感兴趣却没空看的电影，也是一部也没看成……这样浑浑噩噩的状态，让张芮觉得假期都被浪费了，一股焦虑感油然而生。

人在感到疲累时，休息是缓释身心的唯一出路，但不是所有的休息都能达到放松身心的效果。以张芮来说，他在假期体验到的是——越休息越觉得累，越休息压力越大，不自觉地焦虑和担忧。为什么会这样呢？原因就在于，他用错了休息方法！

许多人对休息这件事存在误解，总觉得休息和工作是对立的关系，选择休息就要彻底放下工作，甚至是蒙头睡觉，什么都不做！试问：有几个人能做到累了就请假或辞职，安心在家休养？睡上一整天，又真的能缓解疲惫吗？有生活阅历的人都知道，这不符合现实原则，且更不是休息的要义。

积极休息 VS 消极休息

休息有积极和消极之分，此处的消极和积极与情绪状态无关，而是指休息方式。

消极休息，是指一般的静止休息、睡眠等，以"静"为主，缺乏灵活性。

积极休息，是指用转换活动内容的方法对机体进行恢复。

农业上有一个术语叫间作套种，这是一种常用的科学种田的方法。人们经过长期的生产实践得出经验：间作套种可以合理配置作物群体，让作物高矮成层，相间成行，有效地改善作物的通风透光条件，交错利用土壤肥力，实现养地增产的目的。

当我们长期持续从事同一项工作，脑力和体力就会产生疲劳，让大脑活动能力降低，精力涣散。此时，如果能够适当地改变工作内容，就会产生新的兴奋点，而原来的兴奋点会受到抑制，让脑力和体力得到调剂与放松。

💡 莫法特休息法

英文《新约·圣经》的翻译者詹姆斯·莫法特，每天的工作量是巨大的。据他的一位朋友讲，他的书房里有三张桌子，一张摆放着他正在翻译的《圣经》译稿，一张摆放的是他的一篇论文的原稿，还有一张桌子摆放着他正在写的一篇侦探小说。然而，莫法特却从未觉得精力不够，或是疲惫憔悴，因为他就是靠从一张书桌挪到另一张书桌来休息的。

多数时候，疲劳都是厌倦的结果。此时，我们是应该停下工作休息，但休息并不意味着什么都不做，只躺在床上睡觉。把工作的性质变化一下，疲劳一样可以得到缓解。为了防止工作中出现的疲劳感减慢工作效率，影响我们做事的情绪，我们要经常地变换工作方式、工作地点，或是几种工作互相交叉同时进行，让大脑一直处在新鲜的信息刺激下。这就是莫法特休息法的核心。事实上，它包含以下五种类型的"工作—休息"模式：

🕐 模式1：形象与抽象交替

研究理论问题可以跟学习形象的、具体的问题交替进行，比如，在研究哲学、美学、历史、心理等问题感觉疲惫时，可以去看看小说、散文或图片，这样的话，大脑左半球会得到休息，同时大脑右半球得到了充分利用。之后，再去研究理论问题，就能够恢复充沛的精力。

🕰 模式 2：脑力与体力交替

这种方式很常见，也比较容易理解，就是进行一段时间的脑力劳动，略感疲惫时，放下手头的工作，出去运动一下，如散步、慢跑一会儿，你就会感到精神焕发。

🕰 模式 3：动与静交替

长时间用一个姿势学习、写作或阅读，很容易感到疲劳，适当地改变一下姿势，或是变换一个地点，都可以兴奋神经，消除疲倦。比如，坐着工作一小时后，感到有些累，不妨站起来工作。

🕰 模式 4：转换问题的切入点

对于同一研究对象，如果切入点不同，大脑的兴奋点就会不一样，这时也能够达到休息和提高效率的目的。比如，阅读一部理论专著，在从前往后的研读中，觉得很枯燥，身心有疲惫感。那么，不妨从自己感兴趣的地方去读，逐渐扩展，这样能让自己兴趣盎然，集中精力。

🕰 模式 5：工作与娱乐交替

工作是必需的，娱乐也不可少，和谐的生活需要有张有弛，方能长久。突击式的工作只适合一时，时间久了，必然会引发危害。在紧张工作的间隙，可以看看电影、听听音乐、爬爬山，体会一下休闲生活的乐趣，这不是浪费时间，而是愉悦身心的选择，可以有效地提高创造力，甚至获得某些灵感的启示。

战拖速读导图

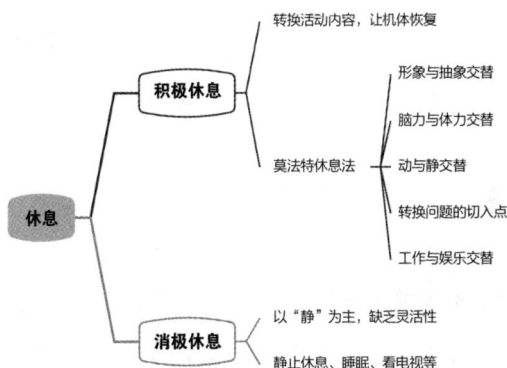

```
                              转换活动内容，让机体恢复
                    ┌─ 积极休息                    形象与抽象交替
                    │                             脑力与体力交替
       休息 ─────────┤            莫法特休息法 ─────┤ 动与静交替
                    │                             转换问题的切入点
                    │                             工作与娱乐交替
                    └─ 消极休息                    以"静"为主，缺乏灵活性
                                                  静止休息、睡眠、看电视等
```

自救指南 47

进行任务分配时，以专注力为中心

> 我全神贯注，
> 仿佛世界上除了时间之外一无所有。
>
> ——查尔斯·金斯利

艾莎读了不少关于时间管理的书，也对自己的生活细节重新进行了规划，比如：乘坐公交地铁的 1 小时，不再刷短视频，而是用来读书；她缩减了每天查看手机的次数，节省下来的时间去练习了书法；她把碎片化的时间利用起来，做一些简单的运动。

毋庸置疑，这些时间管理的方法是有效的，尽管形式不同，但其基本思想是相通的，即时间置换。可在执行一段时间后，艾莎还是发现了一些问题：再怎么努力，也很难突破一天只有 24 小时的壁垒！她想知道，还有没有更好的办法？

艾莎所用的方法，是以时间为中心进行任务分配，运用这种方法能解决一些问题，但偶尔还是会让人感觉时间太少、不够用；似乎没做几件事情，一天就过去了。虽然没有浪费，可效率难以获得明显的提升。

刚从事自由职业时，我也按照时间来给自己分配工作，除了不用通勤以外，基本上和上班族没什么区别。早上8点半开始工作，中午11点半准备午餐。12点吃过午餐后，休息一个半小时，下午继续工作到5点钟。

这样的安排相对规律，但我很快也发现了弊端：第一，每天的产出量不固定，状态好可以多写点内容，状态不好就是完成两篇文章的量；第二，没有多余的时间去做其他喜欢的事情，读书、运动都要安排在"下班"以后。

这简直成了另一种形式的坐班，根本没有让自由职业实现价值最大化。后来，我无意间接触到日本神经科医生、作家桦泽紫苑提出的一个理念，它彻底改变了我的工作模式，也改善了我的生活质量，使我受益匪浅！

以专注力为中心分配任务

桦泽紫苑认为：提升专注力能够提高工作效率，在相同的时间内，可以轻松将工作量提高2倍或3倍！用公式表示的话，即：

专注力（工作效率）× 时间 ＝ 工作量

大脑存在精力峰值时段，如果在专注力高的时间段，做需要高度专注的工作，那么产出的工作量就会加大。于是，我开始尝试用这种方法工作，把写作的任务安排在上午8点半到11点半，这三个小时是我专注力最高的时段，我会屏蔽一切干扰，专注地写稿。为了均摊任务量，保证稿件的进度，我给每天定了一个5000字的任务标尺。

当我尝试这样做的时候，发现 3 个小时专注工作，基本上可以完成这一任务量的 70%~80%，也就是 3500~4000 字。这样的话，午休后再工作 1~1.5 小时，就能够完成每天的既定任务了。状态特别好的时候，一个上午也可能就把工作处理完了，节省出来的时间，完全可以做另外的安排。

⚗ 借助运动重启专注力

在感觉有点疲劳时，我会及时停下来，按照桦泽紫苑的另外一条建议来行动——借助运动来重启专注力。这是一举两得的事，既能养成规律运动的习惯，还能让身体和头脑重新充满活力。

有氧运动对头脑是很有益处的，作为神经科医生的桦泽紫苑解释说：我们在进行有氧运动的时候，头脑会分泌一种名叫脑源性神经营养因子的物质，它对脑神经的成长发育和正常运转发挥着至关重要的作用。另外，头脑还会分泌一种叫作多巴胺的神经递质，提高人的兴致，使人产生幸福感。适度地运动之后，不仅能提高人的专注力，还可以让记忆力、思考能力、工作执行能力等多种脑机能得到提高。

大汗淋漓的畅快感，会消除疲惫，让专注力重启。这个时候，我会重新进入学习或工作状态，有时是阅读心理学专业的书籍，有时是更新公众号的文章，抑或是为后续的工作任务做准备，列出框架或要点，这样也有助于第二天更高效地启动工作。

借助这些分享，希望大家也能够对时间管理有一个新角度的认知：时间管理的本质不是时间，而是工作效率。与其把时间进行分割，不如按照专注力来进行任务分配，在适合的时间做适合的事，以求获得高效的工作与优质的生活。

🧠 战拖速读导图

专注力（工作效率）× 时间 ＝工作量

❶ 分配任务时，以时间为中心，工作产量不稳定

❷ 相同的时间内，提升专注力，即可提升工作量

❸ 感觉疲劳时，借助运动重启专注力

自救指南 48

> 我们培养了某些习惯，
> 这些习惯也会开始培养我们。
> ——拉尔夫·沃尔多·爱默生

斯坦福大学教授凯利·麦格尼格尔，儿时经常观摩父亲绘画和泥塑。父亲并没有系统学习过绘画和泥塑，但在这方面却极具天赋，且大多是自己琢磨出来的。很难想象，如果没有强大的意志力和乐观的态度，他怎么能在历经一次又一次的失败后，还有勇气继续坚持下去。

麦格尼格尔说起，有一次父亲趁休息的时间，准备创作一件泥塑作品。万事俱备后，父亲开始着手工作。此时，隔壁宿舍的几个工友在闲聊，时而讲个有趣的段子，时而发出爆笑的声音。父亲很感兴趣，就暂时停下了手里的活，在宿舍里听热闹。等他醒悟过来继续创作泥塑时，却发现灵感已经荡然无存，那件作品也就搁置了。

这件事给父亲带来了启发，他提醒凯利·麦格尼格尔："当你决定了一件事，千万不要被外力影响，因为你决定了，说明你已经深思熟虑、考虑周详了，那么首要的任务就是坚持不懈地完成，天大的事情也要为此让路，要不然你可能会失去宝贵的东西。"

父亲给麦格尼格尔的忠告，放在任何人身上都是适用的。

这个世界上从来不缺少决心和勇气，也不缺少会制订目标和计划的人，唯独缺少在对的道路上从一而终、坚持走下去的人。许多人往往是在刚开始时有一股新鲜劲儿，一段时间后惰性就开始冒泡，纵容着自己一点点地偷懒，今天该看的拖到明天，明天该做的拖到后天，到最后索性就不做了。直到有一天，回首过往的岁月，才发现自己没能完整地学会任何一项业余技能，也没有在事业上做出什么成绩。日子就在平庸中流过，人也变得越来越迷茫。

很多人都在问，要如何改掉三分钟热度的毛病？

面对懒惰，面对拖延，面对诱惑，多数人都忽略了一个耳熟能详的词语——专注！比尔·盖茨最聪明的地方在哪儿？不是他做了什么，而是他没做什么。以比尔·盖茨的实力，他可以买下纽约，可以去做房地产，但他专注于计算机操作系统和软件的研发，而没有被市场中的其他诱惑吸引。想要提升自控力，打败三分钟热度，就得培养专注力。

远离"三分钟热度"的自救指南

自救指南 1：设定可以提升专注力的目标

给自己设定一个自觉提高注意力和专注力的目标，你会惊喜地发现：你集中注意力的能力，可以在短期内得到快速提升。比如，你今天要写一个方案，那就要求自己在1小时之内高度集中注意力，把方案的初稿写出来。

🔖 自救指南2：找到自己真正感兴趣的事情

你应该有过这样的体验：观看喜欢的电影、阅读喜欢的书籍、玩喜欢的游戏时，时间过得特别快，你在整个过程中没有任何杂念，完全沉浸于其中，从未想过去做点儿别的。<u>当我们专注于自己所感兴趣的事时，懒惰和拖延往往不会出现。</u>平时，可以多培养一些有益的兴趣爱好，让自己沉浸于其中。这样做不仅能陶冶心情，还可以训练专注力。

🔖 自救指南3：制订的计划一定要循序渐进

计划的重要性毋庸赘述，我们有时候之所以会犯"三分钟热度"的毛病，就是因为计划不够合理，要么是不够清晰明确，要么是强度过大，没有体现出循序渐进性。如果你不太了解如何制订计划，可以参考"自救指南14：不只要有截止日期，还要有行动计划"。

🔖 自救指南4：与志趣相投的伙伴相互监督

一个人能走得很快，但一群人才能走得很远。找到志趣相投的伙伴，平日里一起努力，松懈时互相监督，失败时相互鼓励，这样才能离目标更近一点，不至于轻易放弃。

战拖速读导图

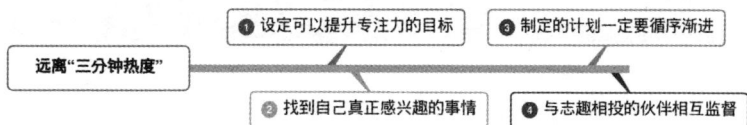

远离"三分钟热度"

❶ 设定可以提升专注力的目标

❷ 找到自己真正感兴趣的事情

❸ 制定的计划一定要循序渐进

❹ 与志趣相投的伙伴相互监督

自救指南 49

扔掉无用的物品，重建生活的秩序

> 建立秩序不在于拥有的物品的数量，
> 而在于我们是否真的想要自己所拥有的物品。
> ——格雷琴·鲁宾

回想起我跟父母在一起生活的那些年，内心感触颇多。

那时，我们都还住在老旧的平房里。客厅的沙发上经常放着两三件衣服，有时甚至放着一摞洗干净的衣服，穿的时候直接拿；这样的情景，在卧室里也很常见；厨房里的各种锅，有的放在地上，有的放在灶台上。总之，一切都是凌乱的。在这样的环境里，经常会听到一个声音："你看见 ×× 了吗？找不到了……"

东西太多了，太杂乱无章了，找起来必然很费力。但问题的实质在于，原本应该囤放这些衣物的地方，被老旧的物件占得太满了。衣柜里的挂杆上，还有爸妈二十几岁时的大衣，床箱里还有他们结婚时的被面；厨房里那些老旧不堪的盘子和碗，也早就该从橱柜里消失了，毕竟一年都不会被拿出来一两次。

父母在早年的生活中，吃了不少苦，总觉得家里的一瓢一碗都是靠辛苦赚下来的，要他们把这些东西彻底扔掉，如同在割舍他们曾经的付出。然而，这种在形式上的持有，换来的是凌乱和逼仄，是美好的东西得不到充分的享受，无用的东西又耗费了太多的空间和精力。

自我损耗

为什么逛街会让人疲惫不堪？为什么衣服多了反而"没的可穿"？为什么桌面和房间里的物品多了会让人心生烦乱？原因就是，逛街买东西要挑选，衣服多了要选择，选择就要做决策，做决策就要消耗精力；物品多了需要整理，整理的时间和精力与物品的量成正比。美国心理学家鲍迈斯特提出过一个"自我损耗"理论：尽管你什么都没做，但是每一次选择、纠结、焦虑、分散精力，都是在损耗你的心理能量；每消耗一点心理能量，你的执行能力和意志力都会下降。

断舍离

在物资短缺的岁月，谁持有的货物多，谁的生活就会好一些。可在物质丰盈的时代，生活已不再如从前，持有也不代表幸福，更不能等同于美好。拥有的物品，不一定都是我们真正需要的，但它一定会侵占我们的时间和空间，耗费我们的精力。

我曾把大量的时间耗费在关注各种微信大号、微博大咖，以及眼花缭乱的 APP 上，热衷于囤积衣物、家居用品……结果呢？多数的信息内容我并没有记住，常用的 APP 依旧是那几个，大量的物品把家里塞得满满当当，而我却没有体会到"拥有"和"多"的美好。

拥有物品，就等于把能量耗费在物品上。从那时开始，我决定通过断舍离摆脱混沌的状态，对物品进行舍弃和精简，清除无用的东西，不让过度的物质侵占我的空间和生活。事实证明，断舍离对治愈拖延、提升工作效率和生活品质有积极的效用。

当书桌上只剩下一盏台灯、一台电脑时，再没有任何物品耗散我的注意力；当衣橱里只剩下几套精致而舒适的衣服时，再不用耗费时间纠结于选择……从简后的生活，感觉世界变得清静了，真正要做的、发自内心想做的事情，也开始清晰地浮现出来。

丢弃的艺术

美国作家布鲁克斯·帕玛说过："垃圾或杂物，包括你保留的但对你不再有用的东西。这些东西可能是损坏了的，也可能是崭新的，无论如何，它们都已经失去了价值，所以成了垃圾。这些东西一无是处，当然不能提高你的生活品质。相反，它们是优良生活的牵绊，是焕发生机的阻碍，也是你必须清除掉的绊脚石。"

丢掉无用的杂物，不仅仅是一项清洁工作，更是打破固有的生活模式和习惯性的思维，为自己所处的环境以及身心，做一次彻底的清除，凸显出更重要的、更有价值的东西，让我们把有限的时间和精力投入到这些事物上，换来高效、高质的人生。

那么，该如何践行"丢弃的艺术"呢？

🐾 自救指南 1：及时清退搁置不用的物品

近一两年内没有再使用过的东西，且没有预定要使用的东西，再次被使用的概率就很低了。最常见的就是化妆品、包包、衣服等，要么过了保质期，要么已经不再适合当下的自己，与其让它们占用生活空间，不如及时清退。

🐾 自救指南 2：扔掉有待修理的老旧物品

那些老旧的、坏掉的家用电器、手表、玩具、厨房用品等，如果它们无法奇迹般地自行复原，或是即便花费不少的时间精力能够修理好，但也不太好用，那么就干脆扔掉吧！

🐾 自救指南 3：丢弃让你感觉不好的物品

《丢掉50样东西，找回100分人生》的作者盖尔·布兰克说："如果有些东西让你心情沉重或感觉不好，让你觉得疲倦，或让你在生活和工作上无法更进一步，那么它就得离开。我们应该用'它让我感觉如何'为标准，仔细检查周遭每一样用品。"

保留让自己产生负面情绪的东西，只会让你无法脱离过去的牵绊。远离牵绊自己前行的事物，脱离对物品的执念，才有更多时间和精力轻装上阵，重建内心的秩序，拥有款待自己的空间，更好地掌控生活。所以，前任的照片、上一段婚姻的婚纱、未录取的通知书、亲人灾难事故的简报等，统统丢弃吧！

从现在开始，别再把情感、精力、空间用在那些已经毫无价值的事物上了，要列一个用品清单，关注什么才是自己真正喜欢和需要的东西，把那些不再重要、不再需要的东西彻底清理掉，腾出更多的空间给现在，用来享受此时此刻的生活，做真正有价值的事情。

战拖速读导图

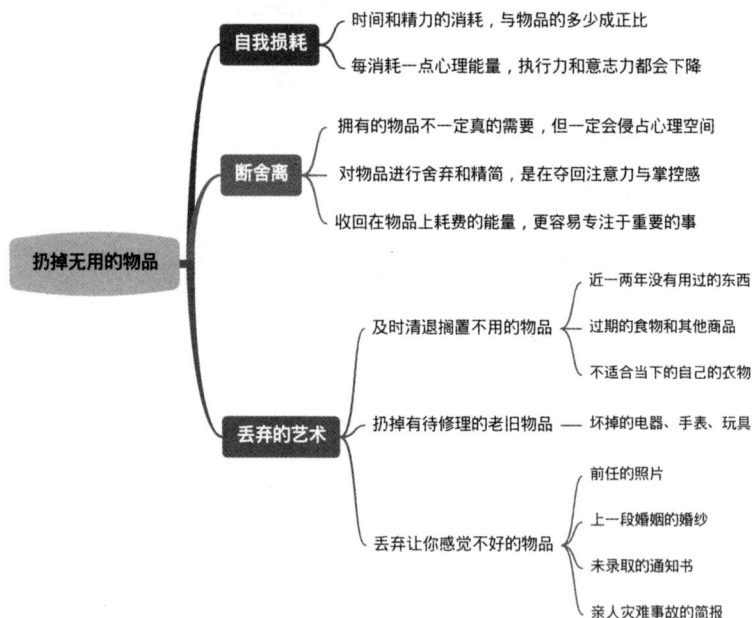

```
                          ┌─ 自我损耗 ─┬─ 时间和精力的消耗，与物品的多少成正比
                          │            └─ 每消耗一点心理能量，执行力和意志力都会下降
                          │
                          │            ┌─ 拥有的物品不一定真的需要，但一定会侵占心理空间
                          ├─ 断舍离 ──┼─ 对物品进行舍弃和精简，是在夺回注意力与掌控感
                          │            └─ 收回在物品上耗费的能量，更容易专注于重要的事
  扔掉无用的物品 ─────────┤
                          │                                      ┌─ 近一两年没有用过的东西
                          │            ┌─ 及时清退搁置不用的物品 ─┼─ 过期的食物和其他商品
                          │            │                          └─ 不适合当下的自己的衣物
                          └─ 丢弃的艺术┼─ 扔掉有待修理的老旧物品 ── 坏掉的电器、手表、玩具
                                       │                          ┌─ 前任的照片
                                       └─ 丢弃让你感觉不好的物品 ─┼─ 上一段婚姻的婚纱
                                                                  ├─ 未录取的通知书
                                                                  └─ 亲人灾难事故的简报
```

自救指南　50

东西用完之后，立即放回原处

> 东西用完后要放回原处，减少寻找时间，
> 提高生活、学习和工作的效率。
>
> ——博恩·崔西

"艾琳，看见我的腰包了吗？"林凯在卧室里乱翻了一通，没有瞥见腰包的影子。

"你看看床箱里有没有？我忘了把单位的钥匙放哪儿了！"艾琳焦急地说。

"你昨天回来的时候，应该还在的吧？不然，你是怎么锁的门？"林凯提醒艾琳。

"是呀，我应该是带回来了，可就是不知道放哪儿了。"艾琳一脸无辜地说道。

"咱们家是得收拾一下了，大早上的什么都没做，净耽误工夫找东西了！"林凯说。

此时，家里已是一片狼藉，衣服遍地都是。林凯打开了床箱，衣物都翻了出来；艾琳在找钥匙，沙发都被挪了位置……两个人

都很着急，却又不得不继续翻找。

这样的生活情景，你是否觉得似曾相识？你是否也偶尔或经常在生活中上演这样的片段？东西总是需要用的时候才发现不见了，翻箱倒柜地折腾，着急忙慌地出了一身汗，却还是找不见，最后只好唉声叹气地放弃寻找。可后来偶然的一天，你在寻找其他东西的时候，却发现了之前寻找的物件，没想到它藏得并不隐蔽，就在一个挺明显的地方，可之前你却没有看到。

如果你经常上演类似的片段，那真的要提醒你：你需要增强归位意识了！

归位意识

时间管理大师博恩·崔西，曾经提出过 21 个高效时间管理黄金法则，其中有一条是：东西用完后要放回原处，减少寻找时间，提高生活、学习和工作的效率。

马来西亚华文媒体《光华日报》曾刊登过这样一个故事：

这天傍晚，我们一家三口准备好要赴一朋友的婚宴，地点是在莎阿南的一间旅馆。临行之时却找不到请柬，我们对那一带的路线不熟悉，请柬附上的地图可帮我们避免走许多冤枉路，于是我们再度在一些可能的地方细心翻找，最后仍然徒劳无功。

妻子催我上路，说："反正找不着，不如趁着天色还亮，去那里兜一兜找更好。"于是，我们便上车向莎阿南进发。幸好接近那一带就看到路旁告示牌有那间旅馆的方向，结果我们很顺利就到了那里。宴毕回到家，刚进家门不久，妻子就说："哎呀，请柬不是乖乖地在这儿吗？"我转头一看，那请柬一直都在钢琴上面的一个小斜书架上！是我看了后顺手放在那里，过后也没在意，没有把它放回收信件的篮子里去。

回想这晚的一切，却也庆幸没有闹得不愉快，毕竟妻子对走错路或迷路颇介意。然而，这也是一个提醒：东西要放回原位！这是我们从小学就已经学过的浅显道理。这一个简单的动作若养成习惯，的确可以省去许多翻箱倒柜的时间，避免不少的心头闷气，何乐而不为？

如果经常因为找不到需要的东西而翻箱倒柜，甚至大动肝火，不仅浪费时间，也会影响身心健康，实在很不划算。平日多一点归位意识，用完的东西立刻放回原处，下一次再用的时候很快就能够找到，可以节省不少时间，减少不必要的拖延。

战拖速读导图

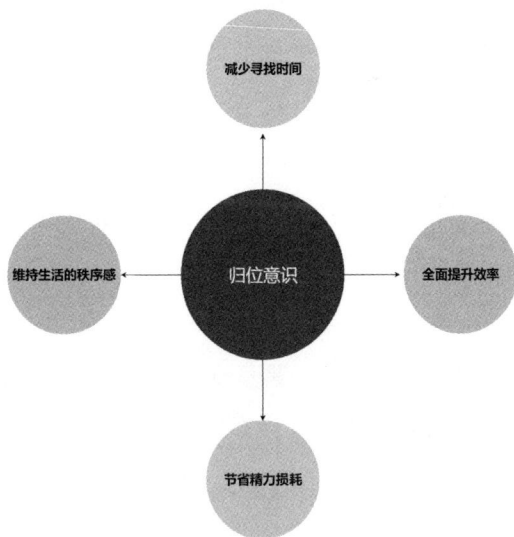

- 减少寻找时间
- 维持生活的秩序感
- 归位意识
- 全面提升效率
- 节省精力损耗

自救指南 51

> 一个对自己的内心有完全支配能力的人，
> 对他自己有权获得的任何其他东西也会有支配的能力。
>
> ——戴尔·卡耐基

英国心理学家哈德·菲尔德曾经做过这样一个试验：在三种不同的情况下，让三个人用力地握住测力计，以观察抓力的变化。

实验结果显示：在清醒的状况下，三个人的平均抓力只有 100 磅；当他们被催眠后，抓力变成了 29 磅，仅为正常体力的 1/3；当他们得知自己正在被催眠并赋予了能量时，他们的平均抓力则达到了 140 磅！

这个实验想告诉我们：当一个人的内心充满积极的想法时，他会被激发出更多的力量。

遗憾的是，我们并不常向自己传达积极的信息，就像《对自己说什么》一书的作者沙德·黑尔姆施泰特所言："80% 或者更多的——你和自我的对话，都是关于你的缺点的。"换句话说，大部分的人总是给予自己消极的暗示。

回顾一下，你是否遇到过这样的情况？

望着像山一样艰巨的任务，心里不由得发紧，甚至犯嘀咕："这么棘手的项目，我能搞定吗？万一承接之后，发现自己做不来，怎么办？"在这些想法的蛊惑下，你会想到逃避；如果是不得不做的事情，则会拖延开始执行的时间，甚至找借口推掉。

小心你对自己说的话

一个人习惯在心理上进行什么样的自我暗示，他就会成为什么样的人，过什么样的生活。

如果你总是对自己说"我不行""我做不到""我太蠢了"，你的大脑就会被这个预言紧紧包围，阻止你去做积极的尝试，结果往往就真的演变成你想的那样。同理，如果你把自己想象成一个不拖延、做事效率高、适应能力强的人，你就会朝着这个方向走。

所有能够激励我们思考和行动的语言，都可以成为自我提示语。当我们经常运用这些词的时候，它们会成为自我信念的一部分，潜意识也会映射到意识中来，让我们用积极的心态来指导思想、操控行为。

多向自己传达积极的信息

自我暗示对自我评价有着巨大的影响，甚至有时会让我们相信一些虚假的评价。事实上，在多数情况下，我们并不像自己想象中那样糟糕。我们需要改善的是与自己对话的内容，把消极的暗示换成传达积极的信息，这对于激发自我即刻行动十分奏效。

在接手一项新的任务或挑战时，你要用积极的暗示给自己信心，减少畏难情绪：

"只要多收集一些资料，我肯定能找到解决问题的办法。"

"这任务有点儿难，但也是一个挑战自我的机会，我要尝试一下！"

"我控制过比现在更糟糕的局势，有什么可担忧的呢？"

在行动过程中，也要及时地给予自己积极暗示，让自己更有信心完成剩余的工作，并明晰完成任务后能获得的益处。当一切都变得很积极、很明朗时，自然就可以减少拖延。

你可以这样做：每完成任务的一小部分后，就肯定自己的成果，对自己说：

"我已经完成了三分之一，我的效率还是挺高的，我可以稍事休息一下，以便恢复精力和体力，继续后面的工作。全部工作都做完后，我就能轻松一下了，还能给自己放几天假……"

在这样的正向激励下，你的主动性会变得越来越强，而不是被最后期限催着去完成任务。

战拖速读导图

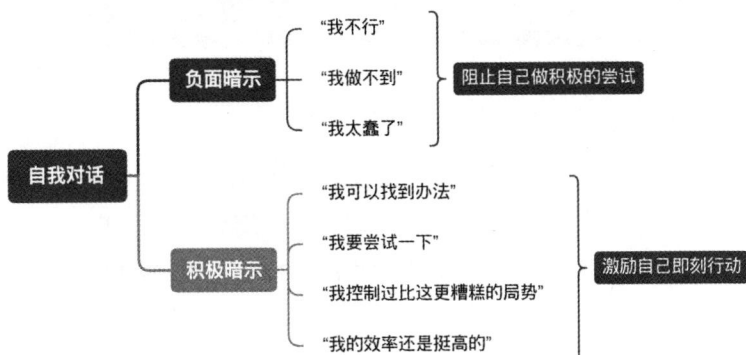

自我对话
- 负面暗示
  - "我不行"
  - "我做不到"
  - "我太蠢了"
  - 阻止自己做积极的尝试
- 积极暗示
  - "我可以找到办法"
  - "我要尝试一下"
  - "我控制过比这更糟糕的局势"
  - "我的效率还是挺高的"
  - 激励自己即刻行动

自救指南　52

> 一天中最重要的事情，
> 是让自己感觉元气满满、开心、自由，
> 去实践有生命力的小仪式、想法和行为。
>
> ——迈克尔·麦金托什

　　苏茜是一个说话温和的姑娘，待人接物有礼有节。在公司里，她称得上是敬业员工，和同事相处得很融洽；在生活中，她称得上善解人意，很照顾周围人的感受。为了维护自己在他人心目中的这份美好，她总是刻意掩饰自己的情绪。渐渐地，她变成了一个不太容易被人窥见内心的"假笑女孩"，患上了"微笑型抑郁"。

　　当负面情绪在苏茜的内心越来越浓重时，她仍然维持着正常上下班的节奏，在人前强颜欢笑，假装和往常一样。可是，工作效率低下、无法专注做事的实情，却是无法掩盖的。她也是血肉之躯，被负面情绪吞噬了大部分的心理能量后，实在没有额外的精力，像过去一样游刃有余地应对工作。

情绪损耗诱发拖延

这是发生在我的咨询室里的故事，而在咨询室外也有许多像苏茜一样被情绪困扰的人，只是尚未严重到神经症的程度。面对情绪的损耗，一方面需要挖掘出深层次的心理症结，另一方面则迫切需要补充情感精力，恢复正常的生活与工作状态，避免因效率问题导致拖延，又因拖延而加重情绪困扰，陷入恶性循环。

这里涉及一个重要的问题：如何为自己补充情感精力？

有一个面临高考的女孩，经常把自己关在房间里，父母很是担忧。女孩自述，她的状态很不好，倒不是因为学习辛苦，而是因为背负着巨大的心理压力。高三的生活太单调了，几乎就是两点一线，这让她产生了一种"没有尽头"的错觉。

父母出于担忧，总是劝她："别太累了，在客厅看一会儿电视，放松放松。"偶尔，女孩也会听从父母的建议，和家人看一会儿电视。但是，这种调节方式并没有让她的情绪状态有所好转，她说："每次看完电视后，我都会有一种负罪感，觉得浪费了时间。"

我问女孩："有没有什么时候，或者说做了什么事情后，你会感觉好一些？"女孩想了想，说："上体育课时吧！狠狠地跑几圈，当时很难熬，但跑完了会觉得心里痛快一些。"

之后，我们协商了一下，女孩每天抽出30分钟出门跑步，配速随心情和状态而定，算作是"家庭作业"。当时正值春天，女孩在跑了半个月后，与我分享心得："看着春天刚发芽的树枝和地上萌出尖尖头的小草，我感受到了一种由内散发出的生命力。"

临近高考的那几个月，跑步的 30 分钟成了女孩最放松的时间段，帮她减轻了学业压力带来的心理负担，削弱了烦躁感与紧张感。高考结束后，她还在跑步，这项运动已经成了她生活中的一部分，而她从中获得的正向体验，远比当初预想的要多得多。

为什么看电视没办法缓解情绪压力，跑步却能让人变得轻松愉悦呢？

心理学家契克森米哈里等人研究发现：长时间地看电视会导致焦虑增长和轻度抑郁！看电视对思维和情感的影响，与垃圾食品对身体的影响，没什么两样。相比之下，调动其他正向的情绪恢复资源，则可以帮助我们有效地补充精力。

💡 找到满足时刻，获取正向情绪

面对精力上的重度损耗，有什么办法能够有效地帮助我们获取正向情绪呢？

答案很简单：留一点空白，享受自己的"满足时刻"——让自己体验到愉悦和深刻满足的感觉，或者说找到能让自己感到快乐和舒适的事物。

你的满足时刻，可以来自周末晚上安静地看一部治愈系电影，感受简单而精妙的台词中渗透出的生活智慧；可以是去拳馆打拳，每次练习都沉浸于其中；也可以是去户外旅行，感受苍山大海、溪流田野的不同魅力；还可以是阅读、做 SPA、画画、听音乐会……无论哪一种，只要能给你带来满足感，都可以有效帮你补充情感精力。

如果之前你没有尝试过这种方法，就从现在开始，找寻你的满足时刻吧！

⌨ 战拖速读导图

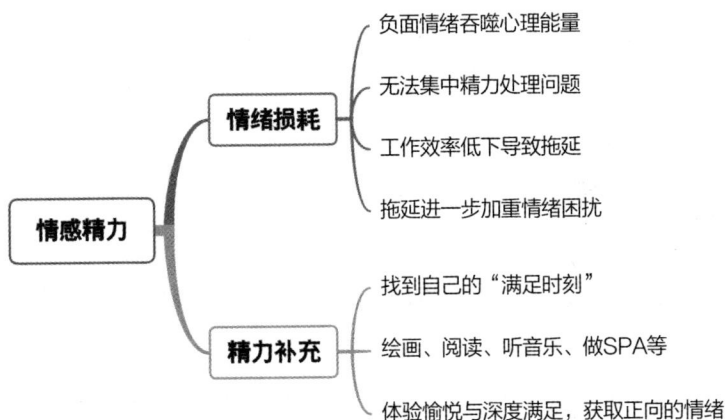

情感精力

情绪损耗
- 负面情绪吞噬心理能量
- 无法集中精力处理问题
- 工作效率低下导致拖延
- 拖延进一步加重情绪困扰

精力补充
- 找到自己的"满足时刻"
- 绘画、阅读、听音乐、做SPA等
- 体验愉悦与深度满足，获取正向的情绪

自救指南　53

> 如果我们以失去自我的方式融入群体，
> 我们就会像一锅粥一样，
> 每个人都失去个性、独特性和完整性。
>
> ——斯科特·派克

看过几期慢综艺《向往的生活》，里面有一处情景至今让我记忆犹新。

蘑菇屋里来了一群选秀节目里出现的年轻男生，他们活力四射，热情洋溢。相比之下，旁边的黄磊却表现得没那么热情，他只是露出尴尬而又不失礼貌的微笑，在和新秀们打过招呼后，就到厨房里做饭，并对何老师说："今晚你们玩，我就先睡了。"

"黄老师是不是因为嘉宾太多，做饭累到自闭了？"弹幕上有人揣测，但事实很快否认了这一点。当黄磊见到多年好友老狼时，立马露出了会心的笑容，前后的两张面孔，差异大得令人瞠目，也让网友们忍不住吐槽。

晚餐后，酒过三巡，黄磊说出了自己内心真实的声音："因为我跟你们不熟，我也没必要和不熟的人瞎掰扯，所以你们进来和我打招呼，我也没那么热情。"可能是因为他的知名度和身份，这一言论遭到了不少人的指责谩骂，说他不懂人情世故，装一下不可以吗？

"装一下"当然可以，但是有必要吗？黄磊是一位知名演员，但他同时也是一个历经风雨的中年人。对他的经历稍作了解就会发现，他本就是一个"行走半生，得三五知音，足以慰风尘"的人。人活到一定的年龄和层次，都会开始"做减法"，不再像青春年少时那样拍着胸脯称自己认识谁，身边有多少"朋友"；相比数量，他们更在乎的是质量。

拒绝无效社交

从某种程度上来说，成年人的自由，是从拒绝无效社交开始的。

所谓无效社交，就是那些无法给我们的精神、感情、工作、生活带来任何愉悦感和进步的社交活动。在无效社交上投入的成本越多，浪费的时间、消耗的精力就越大，不仅无法从中获得内在的滋养，还可能引发情绪上的厌烦或是行为上的拖延和颓废。

那么，如何来分辨无效社交呢？你可以通过下面的几个问题来判断：

问题 1：会不会给你带来负面的能量

与负能量爆棚的人交往，会在无形中吞噬我们的精力和正能量，他们的存在就像是遮挡阳光的乌云。如果总是抱着一颗"圣母心"，试图靠自己的力量去"拉"对方，最终的结果很可能是被他们消耗和透支。

问题2：对你的生活和工作有没有帮助

生活中有些交往纯粹属于凑热闹，为了社交而社交，比如一些所谓的同乡会、论坛聚会，一群陌生的人在一起聚个餐，其实彼此都不了解，也不太可能对未来的工作和生活产生什么帮助。这样的社交就是无效社交，投入再多也没什么回报，只是打发时间而已。

问题3：交往中是否带有"情分"绑架的色彩

你有没有被迫参加过一些不具实际意义的活动？比如，多年不见的同学，早已没什么感情，却邀请你参加同学会；再如，关系不是很亲密的人，打着朋友的名义隔三差五邀你一起吃喝。这样的社交，就是让你被绑架在了"情分"上，无端地浪费时间，毫无意义。

问题4：是不是流于形式的点赞之交

存在于微信里的"朋友"，看似相识、实则不熟，每天关注着对方的动态，考虑要不要点赞，要怎样评论，实在是浪费时间。很多时候，如果存在利益价值，还会彼此保留一个名录；一旦利益没有了，就只是一个空洞的符号。与其为了这些流于形式的无效社交浪费时间，不如去跟真正的朋友小叙一场。

余生很珍贵，愿我们都能多一点真实、少一点伪装，把诚挚与关心留给真正的朋友，用心去经营值得的情谊，不为无效社交浪费心力，让高质量的关系滋养生命，促进自我成长，体味人间真情。

🧠 战拖速读导图

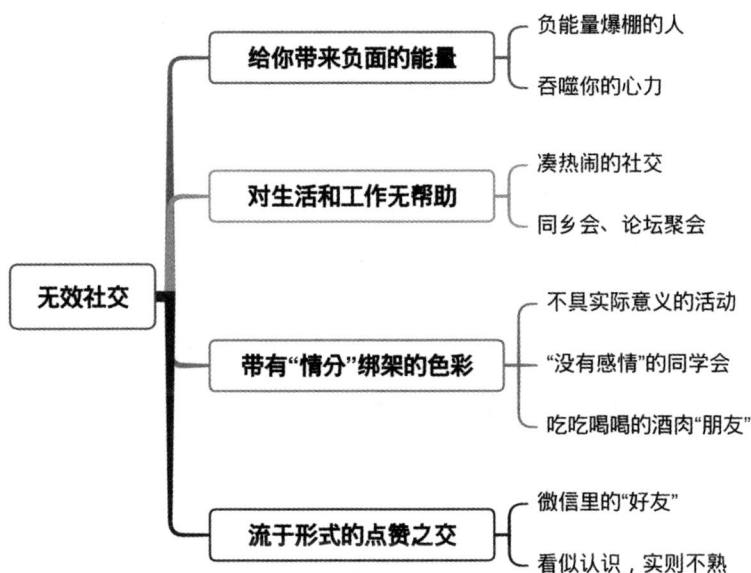

```
                    ┌─ 给你带来负面的能量 ─┬─ 负能量爆棚的人
                    │                     └─ 吞噬你的心力
                    │
                    ├─ 对生活和工作无帮助 ─┬─ 凑热闹的社交
                    │                     └─ 同乡会、论坛聚会
          无效社交 ─┤
                    │                      ┌─ 不具实际意义的活动
                    ├─ 带有"情分"绑架的色彩 ┼─ "没有感情"的同学会
                    │                      └─ 吃吃喝喝的酒肉"朋友"
                    │
                    └─ 流于形式的点赞之交 ─┬─ 微信里的"好友"
                                          └─ 看似认识，实则不熟
```

自救指南　54

做你想做的事，任何时候开始都不晚

> 如果你不觉得自己老，
> 那你又怎么会老呢？
>
> ——萨奇·佩吉

"我已经十年没上过班了，与社会严重脱节。"

"有没有想过重新找一份工作呢？"

"想啊！现在的生活很拮据，我也希望经济独立。"

"那就从投简历开始，试试看？"

"哎，我已经40岁了，以前只做过售货员，没有其他的工作经验。"

"很多能力都是靠后天习得的。"

"现在学？还是觉得太晚了……"

类似这样的对话和情景，你是否遇到过？感慨岁月如梭，许多事情当初没有做，到现在成了遗憾；内心渴望重新开始，却又觉得年龄是个限制，一切已经太迟。

韩国作家金兰都在《你的人生此刻停留在几点》中写道：

失恋了，我们总说："他/她夺走了我所有的幸福，这辈子再不会这样爱一个人了。"

失败了，我们总说："或许，注定了我这辈子就要庸庸碌碌，再怎么折腾也是枉然。"

受挫了，我们总说："生活对我太不公平，总让我经历沟壑与坎坷，什么时候才能结束？"

犯错了，我们总说："如果时光还能倒回，我一定不会酿成今天的错，现在只能叹息。"

……

活到现在，我们总以为，人生已成定局，想做的事情当初没有做，一切都来不及了。

殊不知，人生之路还尚早，是我们自己把年龄当成了限制，当成了阻碍。即便当初因拖延错过了美好的机遇，但倘若这件事现在依然是你想做的，那么从这一刻开始也不晚。

人生永远没有太晚的开始

说起"摩西奶奶"，许多朋友都不陌生，她是一位风靡全球的风俗画画家，也是大器晚成的代表。她原是一位农场工人，喜欢刺绣乡村景色。76岁时，因关节炎不得不放弃刺绣，开始绘画；80岁时，在纽约举办个展；90岁时，作品畅销欧美。在二十多年的绘画生涯里，她共创作了1600幅作品，成为最高产的原始派画家之一。

摩西奶奶名声大噪后，有不少粉丝和画商给她寄来信件，内容大多是恭维或索要画作。唯独让摩西奶奶记忆深刻的是一位署名为"春水上行"的日本年轻人的来信。

他在信中向摩西奶奶诉说：自己热爱文学，很想从事写作。大学毕业后，迫于生活压力和亲人的期许，选择了从医，但他并不喜欢这项工作。现在已经年近三十岁了，不知道该不该放弃这份工作，去追求拖延已久的热爱之事——写作。

摩西奶奶结合自己百岁的人生阅历所得，给他回复了一句话："做你喜欢做的事，上帝会高兴地帮你打开成功之门，哪怕你现在已经八十岁了！"

多年后，日本诞生了一位知名的作家，渡边淳一。很少有人知道，他就是当年给摩西奶奶写信请教人生问题的年轻人——春水上行。

无论你是 20 岁、40 岁、60 岁，还是中间的任何一个年龄，对于你真正喜欢的、想要完成的事情来说，任何时候开始都不算晚。最糟糕的是，用年龄束缚"可能性"，让这些事无止境地被拖延下去，直至生命结束，一辈子也没有去做它们。

你会在空格处填什么？

不要太介意年纪，要关注在你的余生还有无数可能。如果你暂时想不到哪些事情对你而言最为重要，或者不晓得拖延哪些行动会让你在将来感到遗憾，你可以参考作家爱丽丝·孔宁·塞尔比给听众们提供过的两个充满能量的短句，试着把它补全：

🕰 第 1 句话

"我马上就要走到人生的终点了，我最失望的是我没有

_____。"

看到这句话时，你脑子里冒出的第一个念头，多半就是此时立刻想做的事。既然如此，何必将它一拖再拖呢？

🕰 第 2 句话

"我马上就要走到人生的终点了，我非常庆幸自己_____。"

这次你填写的内容，和前面空格处的内容一样吗？是你已经完成的事吗？

无论你想做什么，任何时候开始都不晚。也许，在 40 岁或 60 岁的时候，你的身体和精力比不上 20 岁时，可你要相信，人生没有白走的路，人生的经验也是一架坚固有力的梯子！

⊘ 战拖速读导图

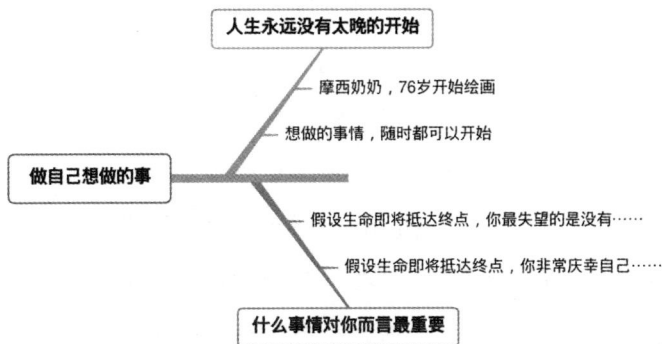

```
                        人生永远没有太晚的开始
                              │
                              ├─ 摩西奶奶，76岁开始绘画
                              │
                              ├─ 想做的事情，随时都可以开始
做自己想做的事 ──────────────┤
                              ├─ 假设生命即将抵达终点，你最失望的是没有……
                              │
                              ├─ 假设生命即将抵达终点，你非常庆幸自己……
                              │
                        什么事情对你而言最重要
```

嗨，亲爱的朋友！当你在翻看这一页时，如果已经阅读完了本书 70% 的内容，那我真的忍不住要恭喜你，你完成了一次超级给力的阅读之旅，迈出了战胜拖延的第一步。

此刻，相信你对拖延已经有了更多的认识，它从来不是一个单纯的行为问题，而是一个复杂的心理问题。改善拖延，不只是改掉某一个不理性的推迟行为，而是从内至外展开了一场自我更新的革命；当我们战胜拖延时，就等于重塑了自我。

我在阅读贝蒂·弗里德曼的《生命之泉》时，曾被里面的一段话深深感动；更确切地说，我在这段话中读出了自己的影子，而后为自己感动。在此，我想与你一起分享：

"到了这个年纪，我才真正成为了我自己。我花了几年时间，终于将遗失的碎片一一补齐，现在我可以用诚实和宽容来看待自己的人生，坦然地向前迎接未知的未来了。我再也不会滞留在过去的时光里，我感觉到了从来没有过的自由。"

从前的我，在许多重要的问题上拖延过、逃避过。现在，我接纳了不完美的自己，接受了不完美的生活；我敢承认内心的恐惧，并带着这份恐惧迈出微小的步伐，用行动替代逃避。

在战胜拖延之后，我的生活发生了一系列的改变——

○ 体重——减重 30 斤，体重、体脂率、体型均达标。

○ 睡眠——从熬夜改善到每晚睡眠 7~8 小时。

○ 运动——从跑不足 1 公里，到轻松完成 5 公里。

○ 电影——每年观看＞30 部电影，写＞10 篇影评。

○ 工作——管理咨询、心理咨询、写作，相辅相成。

○ 情感——周末陪伴家人，徒步远足，野外郊游，共度美好时光。

现在，轮到你了，你准备在哪些方面改善或精进自己呢？按照书中介绍的方法，给自己定个目标和计划吧！希望这一次，你可以真正成为更好的自己，而不是看起来像最好的自己！

⏰ 后　记